안녕~
나는 소수 요정이야.

소수에 대해
알려줄게~

준비됐지?!!

책의 구성

1 단원 소개

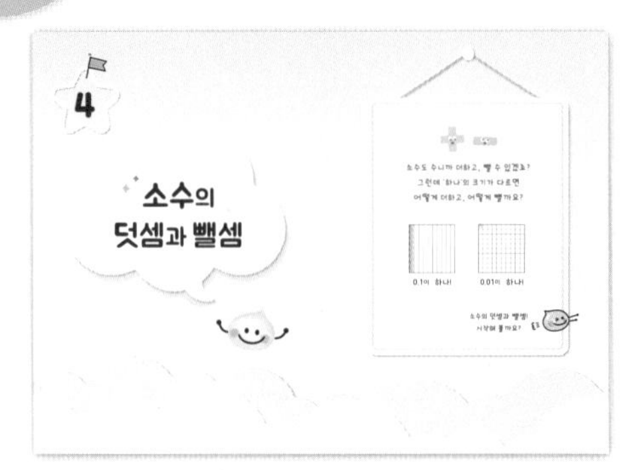

4

소수의 덧셈과 뺄셈

공부할 내용을 미리 알 수 있어요.
건너뛰지 말고 꼭 읽어 보세요.

2 개념 익히기

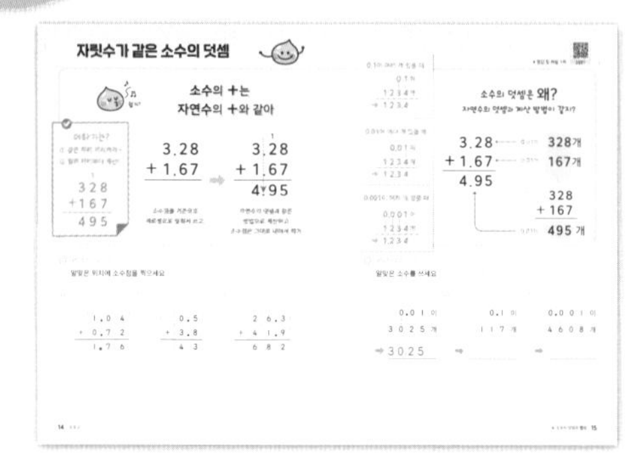

자릿수가 같은 소수의 덧셈

소수의 +는 자연수의 +와 같아

소수의 덧셈은 왜?

꼭 알아야 하는 개념을 알기 쉽게 설명했어요.
개념에 대해 알아보고, 개념을 익힐 수 있는 문제도 풀어 보세요.

4 개념 마무리

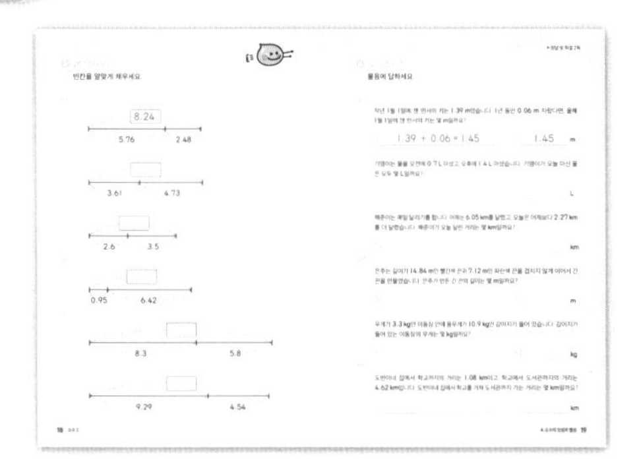

익히고, 다진 개념을 마무리하는 문제예요.
배운 개념을 마무리해 보세요.

5 단원 마무리

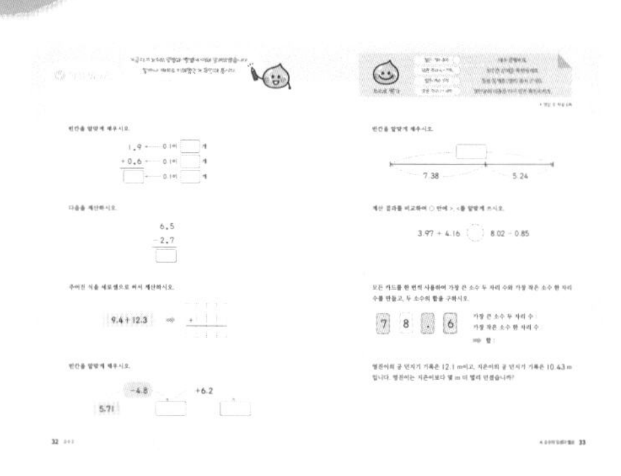

얼마나 잘 이해했는지 체크하는 문제입니다.
한 단원이 끝날 때 풀어 보세요.

이런 순서로
공부해요!

3 개념 다지기

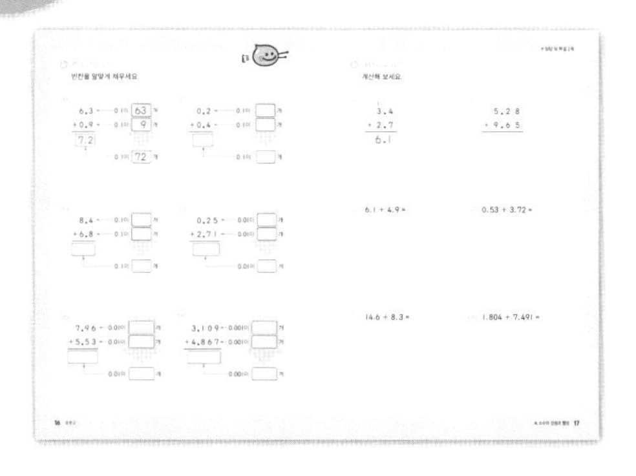

익힌 개념을 친구의 것으로 만들기 위해서는
문제를 풀어봐야 해요.
문제로 개념을 꼼꼼히 다져 보세요.

6 서술형으로 확인

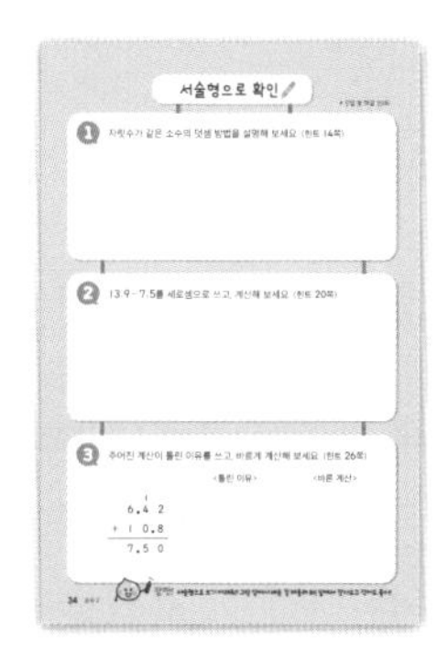

배운 개념을 서술형 문제로
확인해 보세요.

7 쉬어가기

배운 내용과 관련된 재미있는 이야기를
보면서 잠깐 쉬어가세요.

차 례

소수의 덧셈과 뺄셈

5 소수의 곱셈

6 소수의 나눗셈

잠깐! 이 책을 보시는 어른들에게...

1. 이 책은 소수의 연산에 대한 책입니다. 소수의 덧셈, 뺄셈, 곱셈, 나눗셈을 어떻게 계산하고 왜 그렇게 계산해야 하는지에 대한 내용을 담고 있습니다.

소수는 자연수와 마찬가지로 십진법 체계의 수라서 자연수의 계산과 매우 유사한 방법으로 계산합니다. 소수의 덧셈과 뺄셈은 자연수의 덧셈과 뺄셈과 비슷하고, 소수의 곱셈과 나눗셈은 자연수의 곱셈과 나눗셈과 비슷합니다. 따라서 자연수의 덧셈, 뺄셈, 곱셈, 나눗셈이 서툰 아이에게는 소수의 연산도 버거울 수밖에 없습니다.

이 책을 시작하기 전에 아이가 자연수의 사칙연산을 실수 없이 잘 계산할 수 있는지 확인해주세요.

2. 수학은 단순히 계산만 하는 산수가 아니라 논리적인 사고를 하는 활동입니다. 이 책을 통하여 소수라는 대상에 대해 논리적으로 사고하는 활동을 할 수 있게 해주세요. 그런데 수학에서 말하는 논리적 사고를 하기 위해서는 먼저 정의를 정확히 알아야 합니다. 수학의 모든 내용은 정의에서부터 출발합니다. 정의에서 성질도 나오고, 성질을 이용해서 계산도 할 수 있습니다. 그리고 때로는 기호를 가지고 복잡한 것을 대신 나타내기도 합니다. **수학은 약속의 학문이라는 것을 아이에게 알려주세요.**

3. 이 책은 아이가 혼자서도 공부할 수 있도록 구성되어 있습니다. 그래서 문어체가 아닌 구어체를 주로 사용하고 있습니다. 먼저, **아이가 개념 부분을 공부할 때는 입 밖으로 소리 내서 읽을 수 있도록 지도해 주세요.** 단순히 눈으로 보는 것에서 끝내지 않고 읽어가면서 공부한다면, 내용을 효과적으로 이해하고 좀 더 오래 기억할 수 있을 것입니다.

초등 소수 개념이 먼저다

❶권 핵심요약

1권

- **소수의 뜻**

  소수 한 자리 • 두 자리 • 세 자리 수

① 권 돌아보기

1 0.1, 0.01, 0.001

그림			
소수	0.1	0.01	0.001
읽기	영 점 일	영 점 영일	영 점 영영일
뜻	1을 10으로 똑같이 나눈 것 중의 하나	1을 100으로 똑같이 나눈 것 중의 하나	1을 1000으로 똑같이 나눈 것 중의 하나

2 소수를 읽고 쓰기

소수점

17.38

① 읽기: 십칠 점 삼팔

② 뜻: 17보다 0.38 큰 수

소수 부분

• 소수점 맨 오른쪽 끝의 0은 생략할 수 있어요.

2.450 = 2.45

• 소수 부분이 0인 1, 2, 3, 4, …를 **자연수**라고 해요.

23.0 = 23

3 소수의 자릿수

소수 부분의 자릿수에 따라 소수를 분류할 수 있어요.

예) 6.14 → 소수 **두** 자리 수

예) 7.321 → 소수 **세** 자리 수

7.321은 (1이 7개) (0.1이 3개) (0.01이 2개) (0.001이 1개)입니다.

일의 자리	소수 첫째 자리	소수 둘째 자리	소수 셋째 자리
7 .			
0 .	3		
0 .	0	2	
0 .	0	0	1

4 소수를 그림과 수직선으로 나타내기

2.34 : 2보다 0.34 큰 수

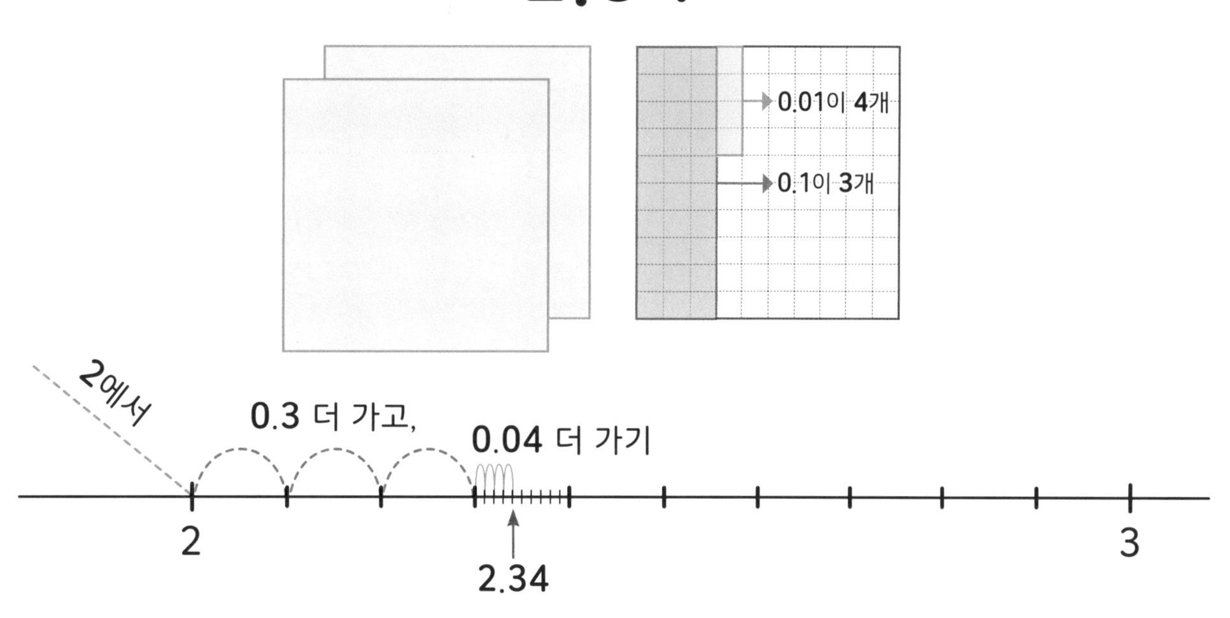

5 소수 사이의 관계

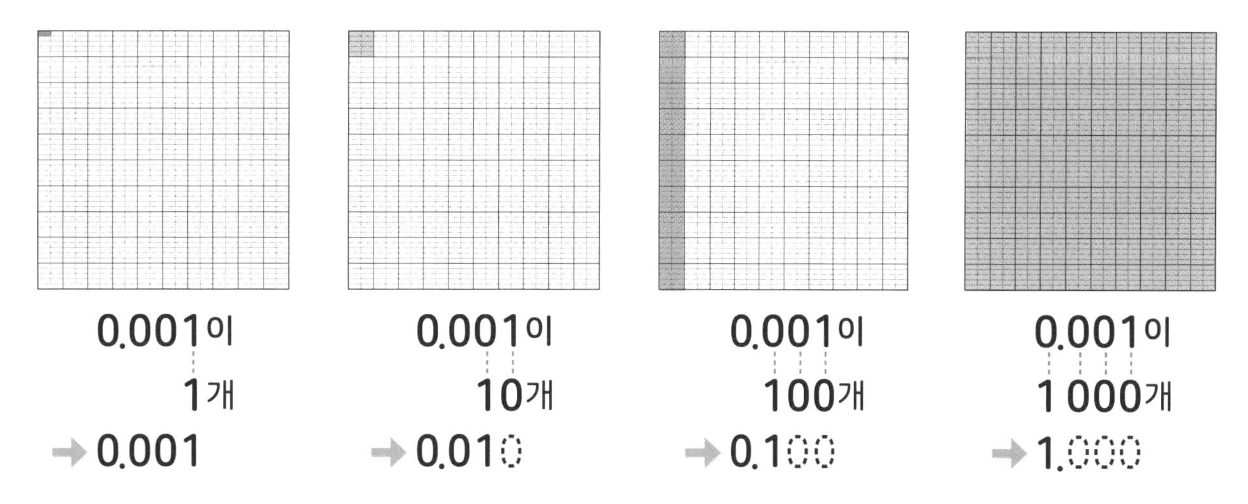

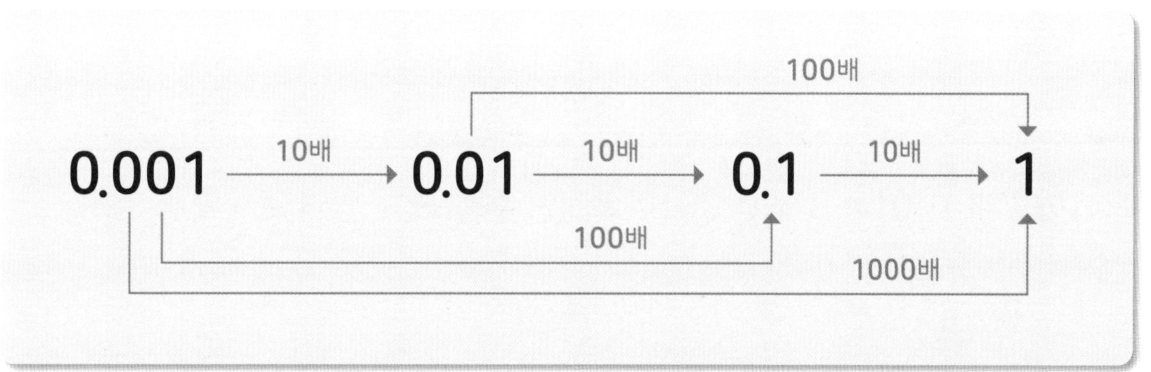

확 • 인 • 하 • 기

1 주어진 소수를 읽어 보세요.

450.054 ➡ 읽기 :

2 빈칸에 알맞은 소수를 쓰세요.

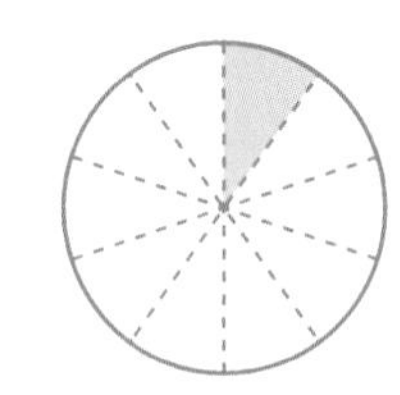

원을 10조각으로 똑같이 나눈 것 중의 한 조각은 원의 [ ] 입니다.

3 생략할 수 있는 0이 있는 소수에 모두 ○표 하고, 0을 생략한 수를 괄호 안에 쓰세요.

22.081	65.700	40.005	0.009	3.050
(　　)	(　　)	(　　)	(　　)	(　　)

4 ㉠과 ㉡에 들어갈 수의 합을 쓰세요.

(0.1이 50개인 수) = (0.5가 [㉠] 개인 수)

(0.1이 [㉡] 개인 수) = (0.7이 100개인 수)

5 주어진 소수를 수직선에 각각 표시하고, 크기를 비교하세요.

2.09 ○ 2.11

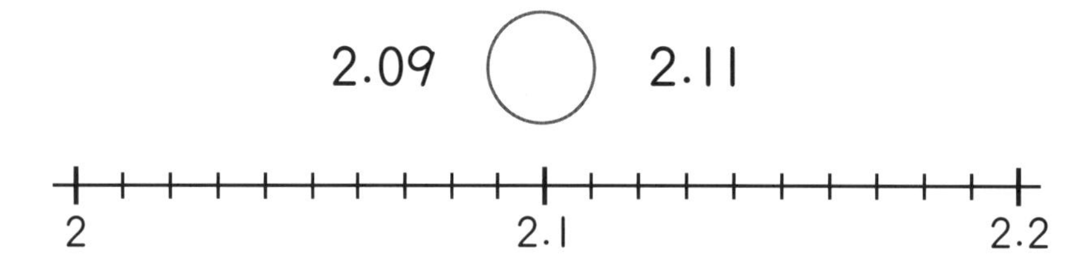

6 1이 7개, 0.01이 3개, 0.001이 8개인 수를 쓰고, 읽어 보세요.

쓰기 　　　　　　　　 읽기

7 다음 중 가장 큰 수에 ○표 하세요.

2.34　　2.05　　2.498　　2.1　　2

8 주어진 소수의 위치를 알맞게 나타낸 화살표에 ○표 하세요.

5.324

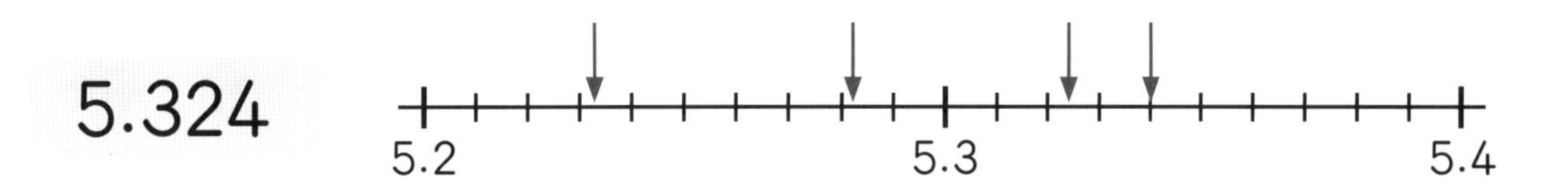

9 다른 수 하나를 찾아 ○표 하세요.

0.01이 904개인 수	1이 9개, 0.01이 4개인 수	0.001이 94개인 수	9보다 0.04 큰 수

10 두 수의 크기를 비교하여 ○ 안에 >, <를 알맞게 쓰세요.

0.72의 10배인 수 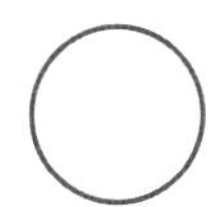 720을 1000으로 똑같이 나눈 것 중의 하나

11 빈칸을 알맞게 채우세요.

12 ㉠이 나타내는 수는 ㉡이 나타내는 수의 몇 배일까요?

89.286 (㉠: 첫 번째 8, ㉡: 두 번째 8)

소수의 덧셈과 뺄셈

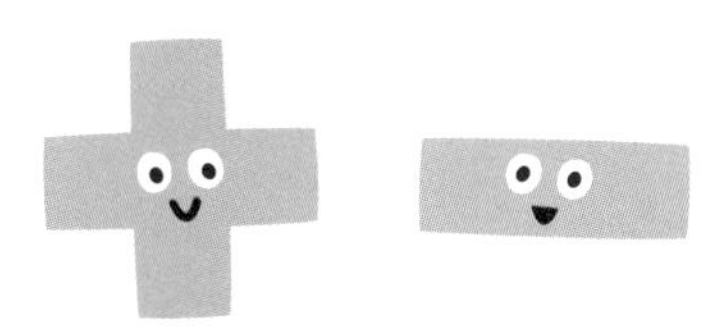

소수도 수니까 더하고, 뺄 수 있겠죠?

그런데 '하나'의 크기가 다르면

어떻게 더하고, 어떻게 뺄까요?

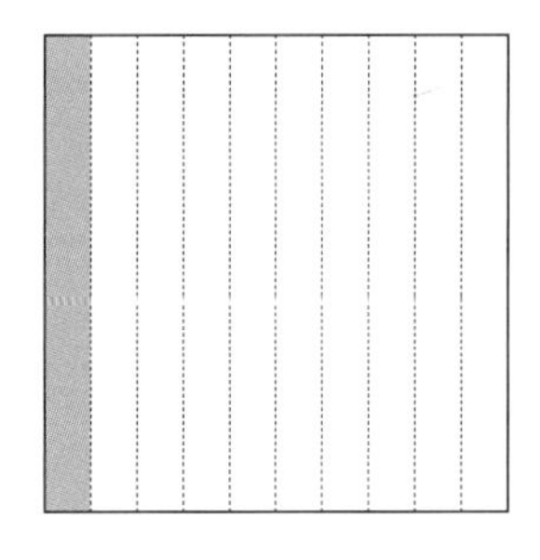

0.1이 하나!

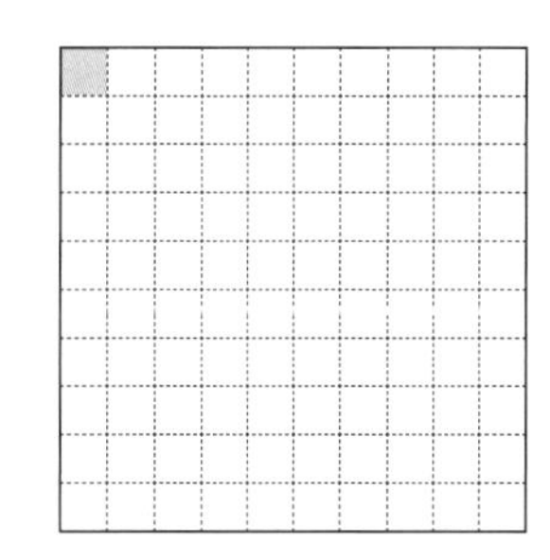

0.01이 하나!

소수의 덧셈과 뺄셈!

시작해 볼까요?

자릿수가 같은 소수의 덧셈

소수의 +는
자연수의 +와 같아

더하기는?

① 같은 자리 끼리끼리~

② 일의 자리부터 계산!

	1	
3	2	8
+1	6	7
4	9	5

$$\begin{array}{r} 3.28 \\ +\ 1.67 \\ \hline \end{array}$$

소수점을 기준으로
세로셈으로 맞춰서 쓰고,

$$\begin{array}{r} {}^{1} \\ 3.28 \\ +\ 1.67 \\ \hline 4.95 \end{array}$$

자연수의 덧셈과 같은
방법으로 계산하고
소수점은 그대로 내려서 찍기

개념 익히기 1

알맞은 위치에 소수점을 찍으세요.

01

	1.	0	4
+	0.	7	2
	1.	7	6

02

	0.	5
+	3.	8
	4	3

03

	2	6.	3
+	4	1.	9
	6	8	2

▶ 정답 및 해설 1쪽

0.1이 여러 개 있을 때

0.1이 1234개 → 123.4

0.01이 여러 개 있을 때

0.01이 1234개 → 12.34

0.001이 여러 개 있을 때

0.001이 1234개 → 1.234

소수의 덧셈은 왜? 자연수의 덧셈과 계산 방법이 같지?

$$\begin{array}{r} 3.28 \\ +\ 1.67 \\ \hline 4.95 \end{array}$$

3.28 ← 0.01이 328개

1.67 ← 0.01이 167개

$$\begin{array}{r} 328 \\ +\ 167 \\ \hline 495 \end{array}$$

0.01이 495개 → 4.95

개념 익히기 2

알맞은 소수를 쓰세요.

01

0.01이 3025개

→ 30.25

02

0.1이 117개

→ ______

03

0.001이 4608개

→ ______

개념 다지기 1

빈칸을 알맞게 채우세요.

01

$$\begin{array}{r} 6.3 \\ +\ 0.9 \\ \hline 7.2 \end{array}$$

6.3 ← 0.1이 63 개
0.9 ← 0.1이 9 개
7.2 ← 0.1이 72 개

02

$$\begin{array}{r} 0.2 \\ +\ 0.4 \\ \hline \square \end{array}$$

0.2 ← 0.1이 □ 개
0.4 ← 0.1이 □ 개
□ ← 0.1이 □ 개

03

$$\begin{array}{r} 8.4 \\ +\ 6.8 \\ \hline \square \end{array}$$

8.4 ← 0.1이 □ 개
6.8 ← 0.1이 □ 개
□ ← 0.1이 □ 개

04

$$\begin{array}{r} 0.25 \\ +\ 2.71 \\ \hline \square \end{array}$$

0.25 ← 0.01이 □ 개
2.71 ← 0.01이 □ 개
□ ← 0.01이 □ 개

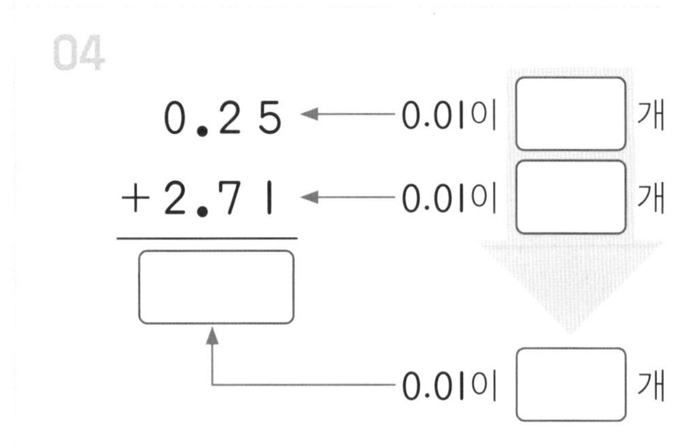

05

$$\begin{array}{r} 7.96 \\ +\ 5.53 \\ \hline \square \end{array}$$

7.96 ← 0.01이 □ 개
5.53 ← 0.01이 □ 개
□ ← 0.01이 □ 개

06

$$\begin{array}{r} 3.109 \\ +\ 4.867 \\ \hline \square \end{array}$$

3.109 ← 0.001이 □ 개
4.867 ← 0.001이 □ 개
□ ← 0.001이 □ 개

개념 다지기 2

계산해 보세요.

01

$$\begin{array}{r} {}^{1}\\ 3.4 \\ +\ 2.7 \\ \hline 6.1 \end{array}$$

02

$$\begin{array}{r} 5.28 \\ +\ 9.65 \\ \hline \end{array}$$

03 6.1 + 4.9 =

04 0.53 + 3.72 =

05 14.6 + 8.3 =

06 1.804 + 7.491 =

개념 마무리 1

빈칸을 알맞게 채우세요.

01

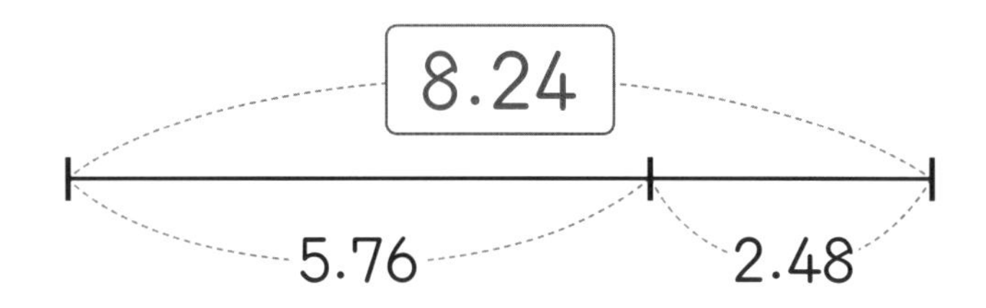

02

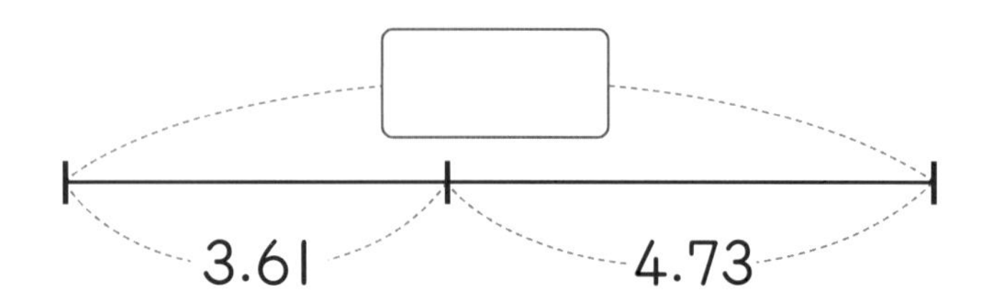

03

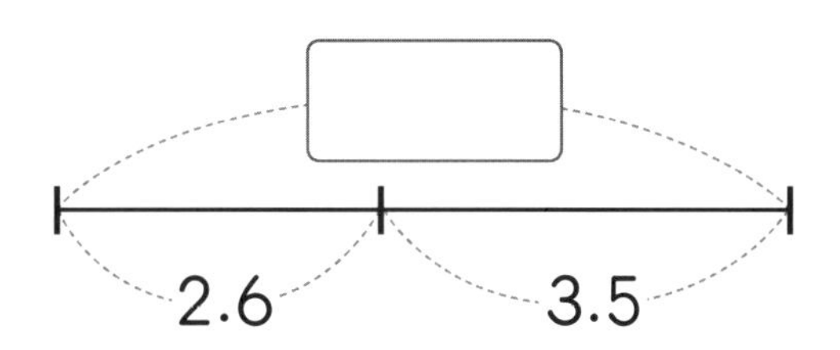

04

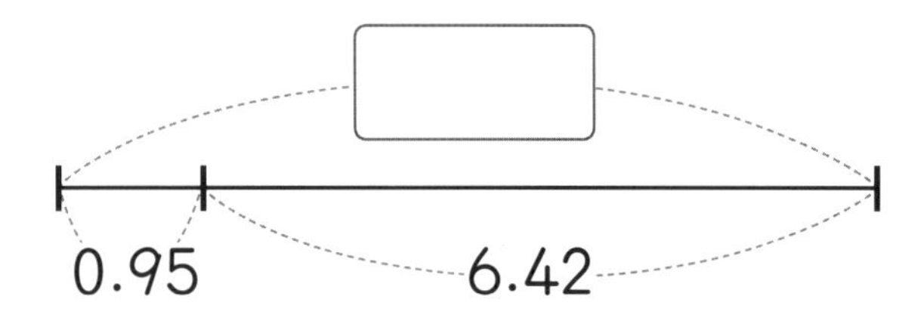

05

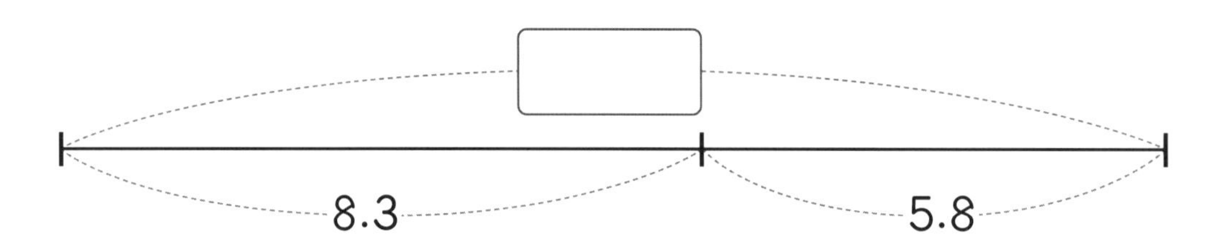

06

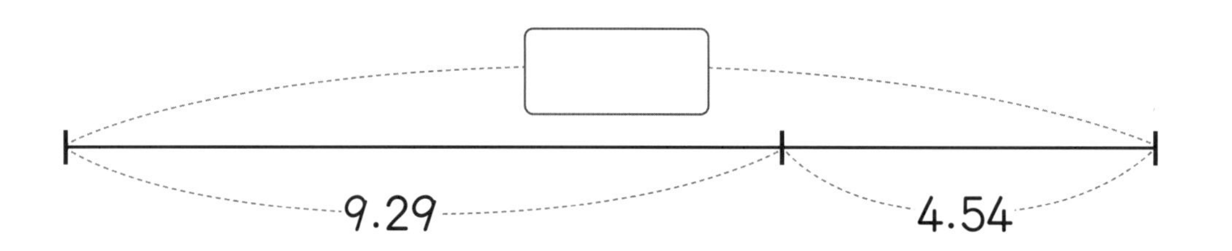

▶ 정답 및 해설 2쪽

개념 마무리 2

물음에 답하세요.

01

작년 1월 1일에 잰 민서의 키는 1.39 m였습니다. 1년 동안 0.06 m 자랐다면, 올해 1월 1일에 잰 민서의 키는 몇 m일까요?

식 1.39 + 0.06 = 1.45　　답 1.45 m

02

기영이는 물을 오전에 0.7 L 마셨고, 오후에 1.4 L 마셨습니다. 기영이가 오늘 마신 물은 모두 몇 L일까요?

식 ______　　답 ______ L

03

해준이는 매일 달리기를 합니다. 어제는 6.05 km를 달렸고, 오늘은 어제보다 2.27 km를 더 달렸습니다. 해준이가 오늘 달린 거리는 몇 km일까요?

식 ______　　답 ______ km

04

은주는 길이가 14.84 m인 빨간색 끈과 7.12 m인 파란색 끈을 겹치지 않게 이어서 긴 끈을 만들었습니다. 은주가 만든 긴 끈의 길이는 몇 m일까요?

식 ______　　답 ______ m

05

무게가 3.3 kg인 이동장 안에 몸무게가 10.9 kg인 강아지가 들어 있습니다. 강아지가 들어 있는 이동장의 무게는 몇 kg일까요?

식 ______　　답 ______ kg

06

도빈이네 집에서 학교까지의 거리는 1.08 km이고, 학교에서 도서관까지의 거리는 4.62 km입니다. 도빈이네 집에서 학교를 거쳐 도서관까지 가는 거리는 몇 km일까요?

식 ______　　답 ______ km

2 자릿수가 같은 소수의 뺄셈

소수의 −도 자연수의 −와 같아

빼기는?

① 같은 자리 끼리끼리~

② 일의 자리부터 계산!

```
  2 10
  3 2 8
− 1 6 7
───────
  1 6 1
```

```
  1.28
− 0.67
──────
```

소수점을 기준으로 세로셈으로 맞춰서 쓰고,

```
  0 10
  1.28
− 0.67
──────
  0.61
```

자연수의 뺄셈과 같은 방법으로 계산하고 소수점은 그대로 내려서 찍기

개념 익히기 1

빈칸을 알맞게 채우세요.

01

(0.01이 529개) − (0.01이 84개) = (0.01이 445개)

5.29 − 0.84 = 4.45

02

(0.1이 93개) − (0.1이 42개) = (0.1이 51개)

9.3 − 4.2 = ☐

03

(0.01이 605개) − (0.01이 276개) = (0.01이 329개)

6.05 − ☐ = ☐

▶정답 및 해설 3쪽

2502

그림으로 다시 볼까?

1.28 − 0.67

$$\begin{array}{r} \overset{0\ 10}{\cancel{1}28} \\ -\ \ 67 \\ \hline 61 \end{array}$$

1.28

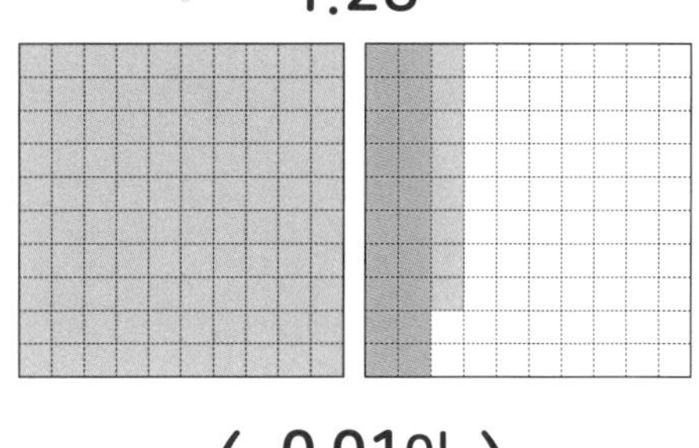

0.67

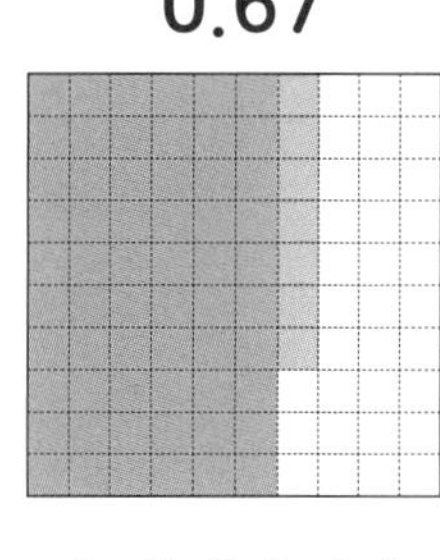

(0.01이 128개) − (0.01이 67개) = (0.01이 61개)

소수의 +, −는

0.1이 몇 개인지
0.01이 몇 개인지
0.001이 몇 개인지

} **자연수로 바꿔서 생각하기!**

$$\begin{array}{r} 1.28 \\ -0.67 \\ \hline 0.61 \end{array}$$

개념 익히기 2

계산해 보세요.

01

$$\begin{array}{r} \overset{8\ \ 10}{\cancel{9}.1} \\ -\ 4.8 \\ \hline 4.3 \end{array}$$

02

$$\begin{array}{r} 7.2 \\ -\ 3.7 \\ \hline \end{array}$$

03

$$\begin{array}{r} 5.34 \\ -\ 1.65 \\ \hline \end{array}$$

개념 다지기 1

차가 가운데 수가 되는 두 수를 찾아 ○표 하세요.

01

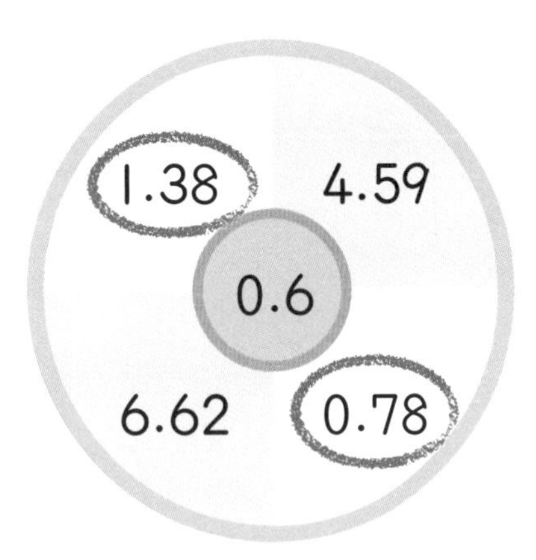

02

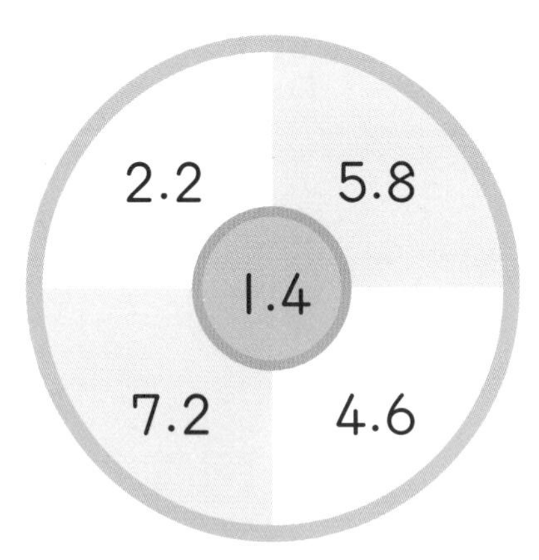

03

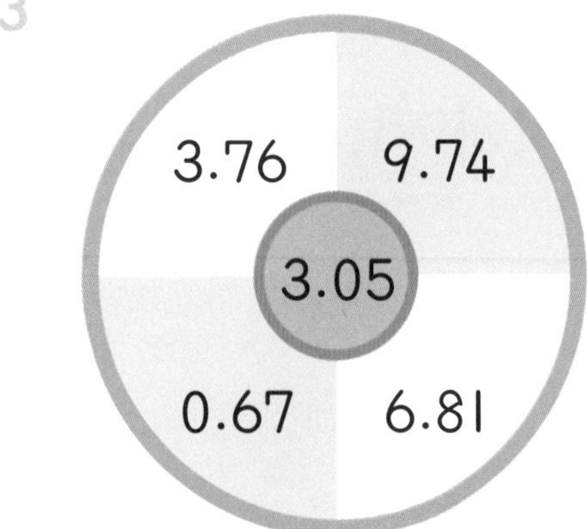

04

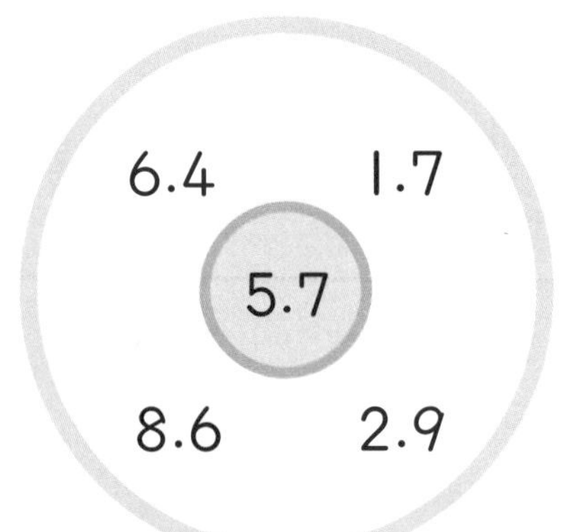

05

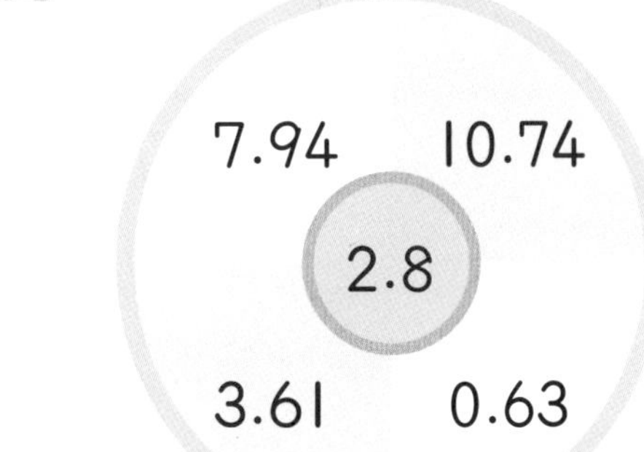

06

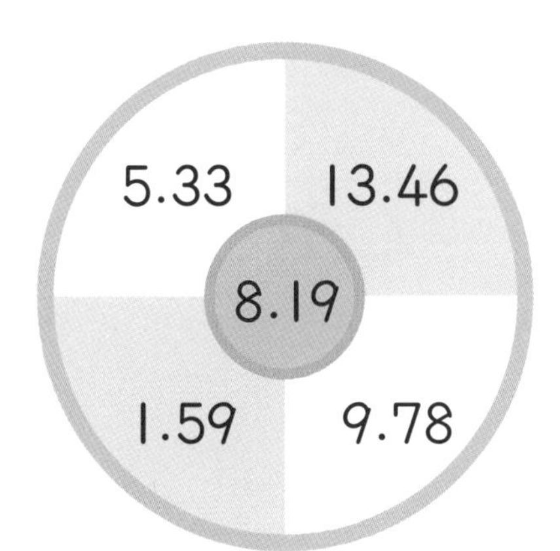

개념 다지기 2

빈칸을 알맞게 채우세요.

01

```
   2  13 10
  [3̸]. 4̸ [2]
−  1 .[5] 8
-----------
   1 . 8  4
```

02

```
  □ . 9
+ 2 . □
-------
  8 . 2
```

03

```
  8 . □
− □ . 7
-------
  3 . 4
```

04

```
  □ . 9 4
+ 3 . 0 □
---------
  4 . □ 2
```

05

```
  7 . □ 6
− □ . 5 9
---------
  2 . 6 □
```

06

```
  □ □ . 2 □
+   9 . □ 5
-----------
  2 0 . 9 0̸
```

개념 마무리 1

계산 결과를 비교하여 ○ 안에 >, =, <를 알맞게 쓰세요.

01

6.42 − 0.83 (=) 2.44 + 3.15

02

3.5 + 1.6 ○ 9.3 − 5.3

03

12.4 − 4.8 ○ 1.29 + 7.68

04

11.31 − 2.06 ○ 0.7 + 8.5

05

4.43 + 0.79 ○ 8.05 − 3.17

06

9.802 − 1.254 ○ 6.091 + 2.316

▶ 정답 및 해설 4쪽

개념 마무리 2

물음에 답하세요.

01

우유가 1.25 L 있었는데, 민우가 마신 후 0.87 L가 남았습니다. 민우가 마신 우유는 몇 L일까요?

식 1.25 − 0.87 = 0.38 답 0.38 L

02

승헌이의 멀리뛰기 기록은 1.64 m이고, 도영이의 멀리뛰기 기록은 1.18 m입니다. 승헌이는 도영이보다 몇 m 더 멀리 뛰었을까요?

식 ______ 답 ______ m

03

마트에서 7.5 L짜리 식용유를 구입했습니다. 요리하는 데 2.5 L를 사용했다면 남은 식용유는 몇 L일까요?

식 ______ 답 ______ L

04

용수철에 추를 한 개 매달았더니 길이가 3.2 cm 늘어나서 20.1 cm가 되었습니다. 추를 매달기 전 용수철의 길이는 몇 cm일까요?

식 ______ 답 ______ cm

05

쌀이 들어있는 쌀통의 무게가 9.26 kg입니다. 쌀의 무게가 4.89 kg일 때, 빈 쌀통의 무게는 몇 kg일까요?

식 ______ 답 ______ kg

06

윤미가 집에서 11.37 km 떨어진 할머니 댁까지 갑니다. 버스를 타고 8.47 km 가고 나머지는 걸어갔다면, 윤미가 걸어간 거리는 몇 km일까요?

식 ______ 답 ______ km

3 자릿수가 다른 소수의 덧셈과 뺄셈

자릿수가 다른 소수의 +, −

1단계 소수점의 위치를 맞춰서 세로셈으로 쓰기

0.42 + 21.7

		0.	4	2
+	2	1.	7	

13.2 − 9.86

	1	3.	2	
−		9.	8	6

2단계 자리가 비는 곳은 0으로 생각하고 계산

(소수점 끝에 생략됐던 0인 거야~)

		1		
		0.	4	2
+	2	1.	7	0
	2	2.	1	2

	0	12	11	10
	~~1~~	~~3~~.	~~2~~	0
−		9.	8	6
		3.	3	4

개념 익히기 1

소수의 덧셈식, 뺄셈식을 세로셈으로 바르게 쓴 것에 ○표 하세요.

01 2.02 + 15.1

		2.	0	2
+	1	5.	1	

(○)

	2.	0	2
+	1	5.	1

(　　　)

02 7.89 − 5.6

	7.	8	9
−		5.	6

(　　　)

	7.	8	9
−	5.	6	

(　　　)

03 14.2 + 6.34

	1	4.	2	
+		6.	3	4

(　　　)

	1	4.	2
+	6.	3	4

(　　　)

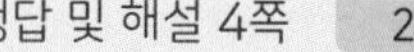

소수를 0.1 0.01 0.001 의 개수로 생각해 보자~!

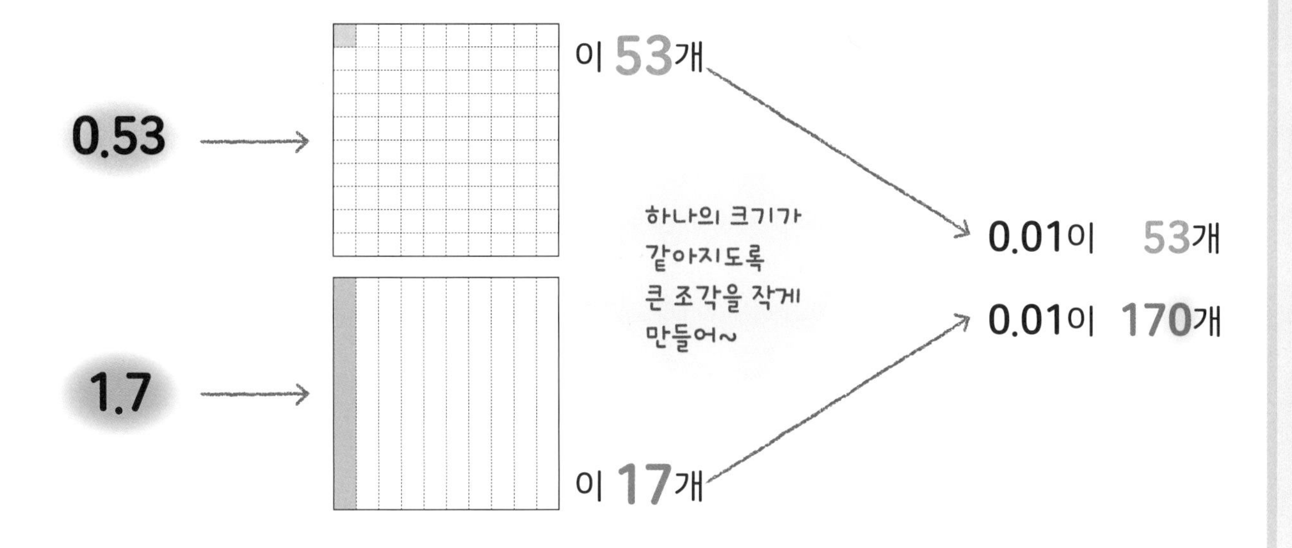

$$\begin{array}{r} 0.42 \\ +\ 21.7\square \\ \hline 22.12 \end{array} \qquad \begin{array}{r} 13.2\square \\ -\ \ 9.86 \\ \hline 3.34 \end{array}$$

0.53 → 이 **53**개 → 0.01이 **53**개

하나의 크기가
같아지도록
큰 조각을 작게
만들어~

1.7 → 이 **17**개 → 0.01이 **170**개

빈 자리를 0 으로 채워
자릿수를 같게 하면
같은 자리끼리 계산하기 쉬워!

개념 익히기 2

주어진 식을 소수점의 위치를 맞추어 세로셈으로 쓰세요.

01

12.43 + 8.7

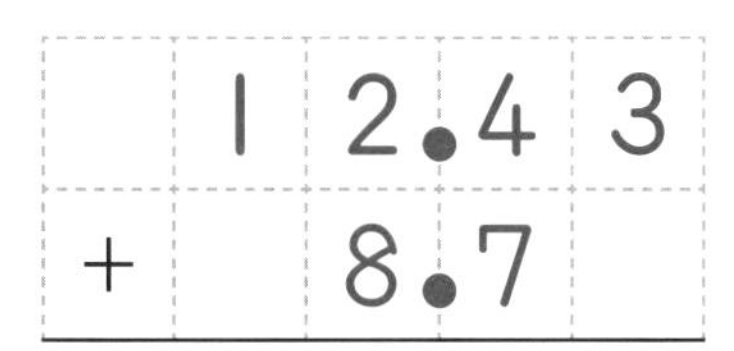

02

7.01 + 3.6

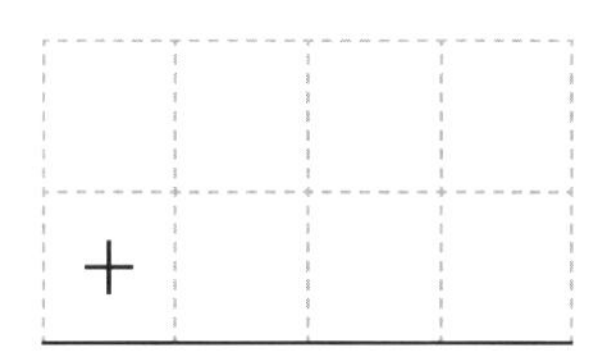

03

19.2 − 4.05

개념 다지기 1

세로셈으로 써서 계산해 보세요.

01 $7.53 - 4.8 = 2.73$

	6	10	
	~~7~~.	5	3
−	4.	8	
	2.	7	3

02 $5.4 + 2.25 =$

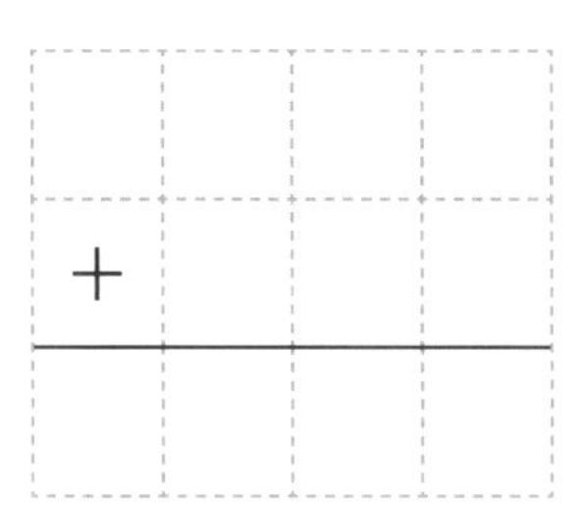

03 $6.3 - 1.43 =$

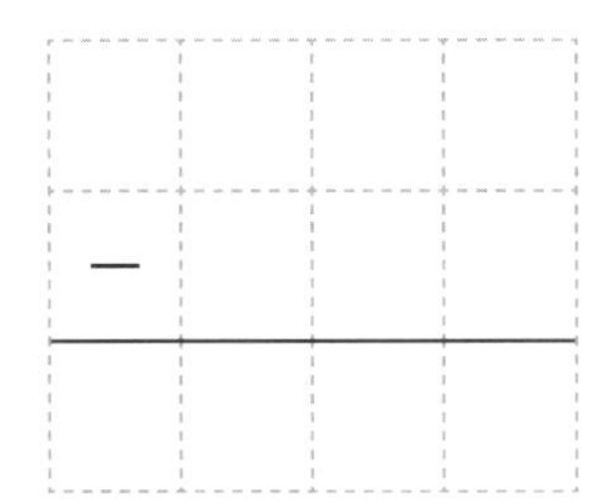

04 $2.91 + 17.6 =$

05 $30.52 - 8.9 =$

06 $4.17 + 90.68 =$

개념 다지기 2

빈칸을 알맞게 채우세요.

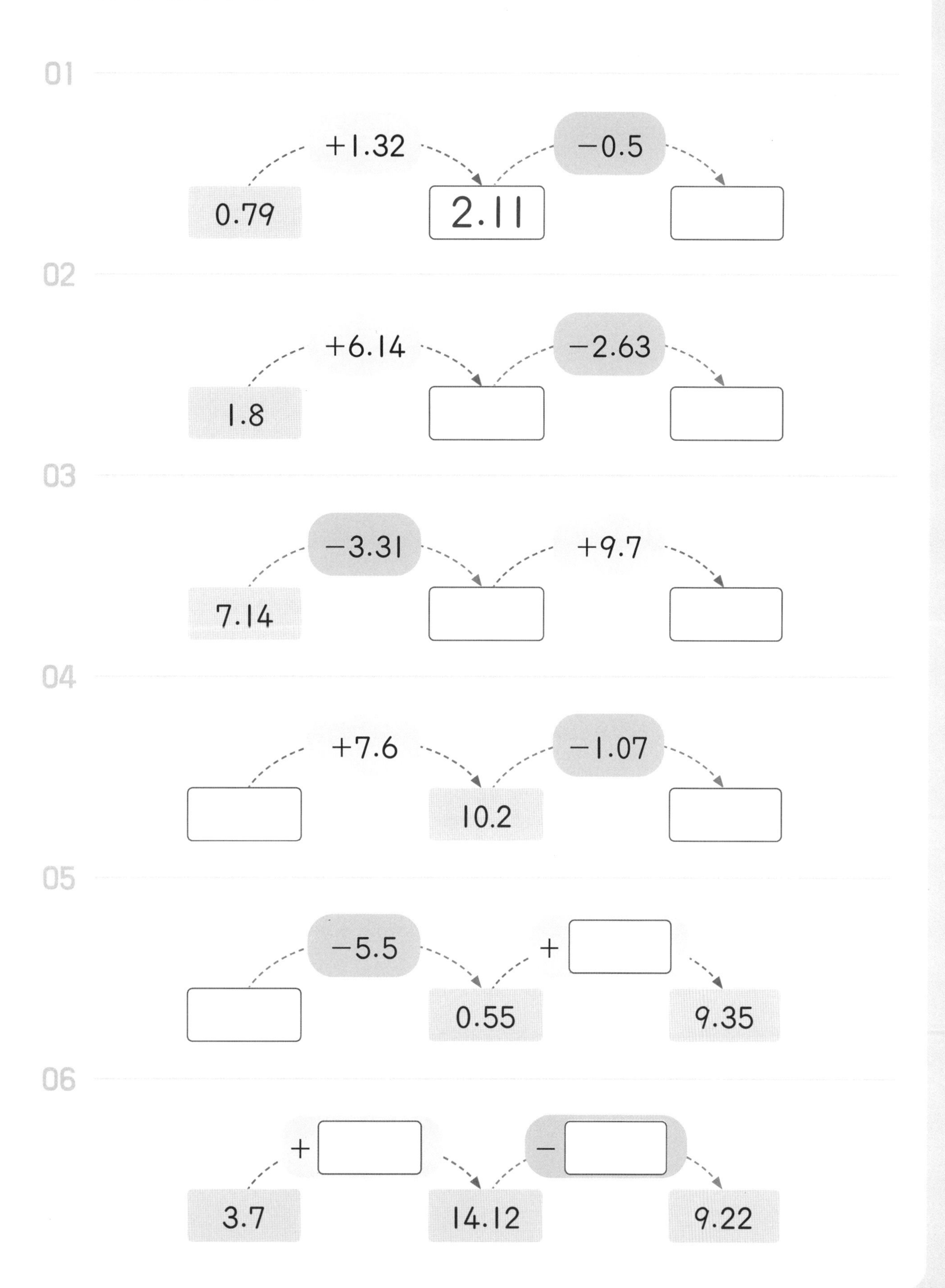

2504

개념 마무리 1

모든 카드를 한 번씩 사용하여 조건에 알맞은 소수를 만들고, 계산해 보세요.

01

1 4
6 .

(가장 작은 소수 한 자리 수)−(가장 큰 소수 두 자리 수) = ☐

14.6 　 6.41

02

9 2
7 .

(가장 작은 소수 두 자리 수)+(가장 큰 소수 한 자리 수) = ☐

☐ 　 ☐

03

5 8
0 .

(가장 큰 소수 한 자리 수)−(가장 작은 소수 두 자리 수) = ☐

☐ 　 ☐

04

3 1
8 .

(가장 작은 소수 한 자리 수)+(가장 큰 소수 두 자리 수) = ☐

☐ 　 ☐

05

0 6
2 1 .

(가장 큰 소수 두 자리 수)−(가장 작은 소수 세 자리 수) = ☐

☐ 　 ☐

06

3 7
4 5 .

(가장 작은 소수 두 자리 수)+(가장 작은 소수 세 자리 수) = ☐

☐ 　 ☐

개념 마무리 2

물음에 답하세요.

01

직사각형 모양의 화단이 있습니다. 화단의 가로가 5.3 m이고, 세로는 가로보다 1.72 m 길다면, 화단의 세로는 몇 m일까요?

식 5.3 + 1.72 = 7.02　　답 7.02 m

02

수조에 물이 6.25 L 들어 있습니다. 물을 0.4 L 더 넣으면 수조의 물은 몇 L가 될까요?

식 ________　　답 ________ L

03

용수는 찰흙 4.1 kg 중에서 작품을 만드는 데 1.36 kg을 사용했습니다. 용수에게 남은 찰흙은 몇 kg일까요?

식 ________　　답 ________ kg

04

우유 3.8 L로 생크림 한 팩을 만드는 데 2.67 L가 모자랐습니다. 생크림 한 팩을 만드는 데 필요한 우유는 몇 L일까요?

식 ________　　답 ________ L

05

작년 1월 1일에 잰 다현이의 몸무게는 48.09 kg이었습니다. 1년 동안 5.5 kg이 줄었다면, 올해 1월 1일에 잰 다현이의 몸무게는 몇 kg일까요?

식 ________　　답 ________ kg

06

세 변의 길이의 합이 11.42 cm인 삼각형이 있습니다. 두 변의 길이의 합이 7.018 cm라면, 나머지 한 변의 길이는 몇 cm일까요?

식 ________　　답 ________ cm

지금까지 소수의 덧셈과 뺄셈에 대해 살펴보았습니다.
얼마나 제대로 이해했는지 확인해 봅시다.

1

빈칸을 알맞게 채우시오.

1.9	← 0.1이	□	개
+ 0.6	← 0.1이	□	개
□	← 0.1이	□	개

2

다음을 계산하시오.

$$\begin{array}{r} 6.5 \\ -\ 2.7 \\ \hline \square \end{array}$$

3

주어진 식을 세로셈으로 써서 계산하시오.

9.4 + 12.3 ➡

+			

4

빈칸을 알맞게 채우시오.

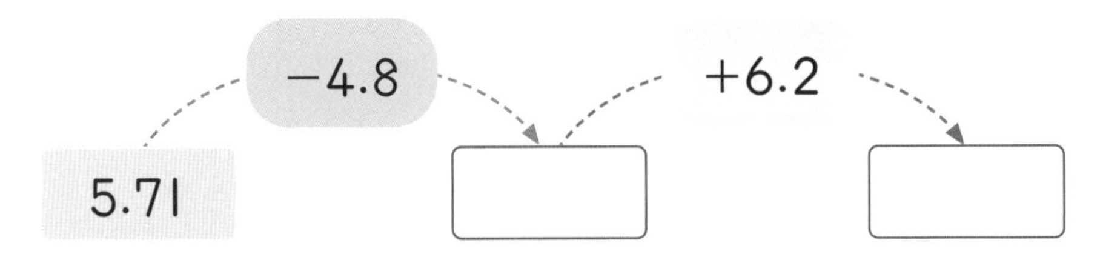

스스로 평가

맞은 개수 8개	○	매우 잘했어요.
맞은 개수 6~7개	○	실수한 문제를 확인하세요.
맞은 개수 5개	○	틀린 문제를 2번씩 풀어 보세요.
맞은 개수 1~4개	○	앞부분의 내용을 다시 한번 확인하세요.

▶ 정답 및 해설 6쪽

5

빈칸을 알맞게 채우시오.

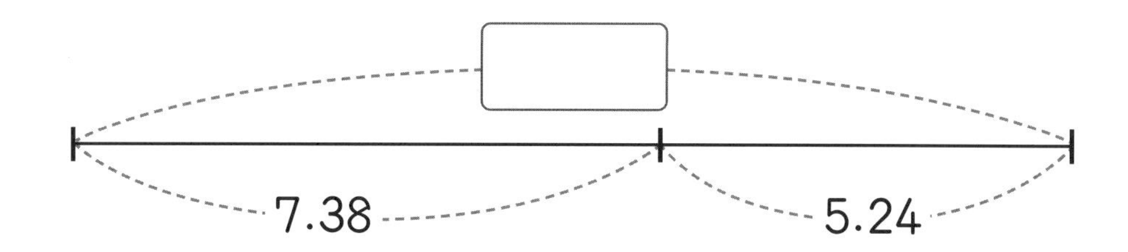

6

계산 결과를 비교하여 ○ 안에 >, <를 알맞게 쓰시오.

$$3.97 + 4.16 \bigcirc 8.02 - 0.85$$

7

모든 카드를 한 번씩 사용하여 가장 큰 소수 두 자리 수와 가장 작은 소수 한 자리 수를 만들고, 두 소수의 합을 구하시오.

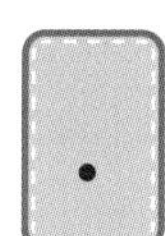

가장 큰 소수 두 자리 수 :

가장 작은 소수 한 자리 수 :

 합 :

8

영진이의 공 던지기 기록은 12.1 m이고, 지은이의 공 던지기 기록은 10.43 m입니다. 영진이는 지은이보다 몇 m 더 멀리 던졌습니까?

서술형으로 확인

▶ 정답 및 해설 29쪽

1 자릿수가 같은 소수의 덧셈 방법을 설명해 보세요. (힌트 14쪽)

2 13.9−7.5를 세로셈으로 쓰고, 계산해 보세요. (힌트 20쪽)

3 주어진 계산이 틀린 이유를 쓰고, 바르게 계산해 보세요. (힌트 26쪽)

```
      1
    6.4 2
+ 1 0.8
---------
    7.5 0
```

<틀린 이유>

<바른 계산>

잠깐! 서술형으로 쓰기 어려워? 그럼 앞에서 배운 걸 떠올려 봐! 앞에서 찾아보고 적어도 좋아!

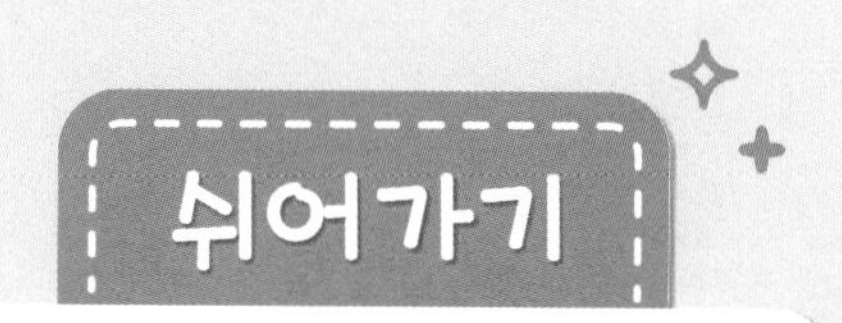

소수를 발견한 수학자 스테빈 (1548 ~ 1620)

스테빈은 네덜란드의 경리 장교였대요. 기부금이나 병사의 월급을 계산하는 일을 했는데 무척이나 복잡하고 까다로운 일이었다고 해요. 그래서 스테빈은 어떻게 하면 좀 더 간단하게 계산할 수 있을까를 늘 고민했고, 그렇게 해서 나온 수가 바로 소수입니다.

<**다른 그림 찾기**> 두 개의 그림을 비교하여 서로 다른 곳을 5군데 찾으세요.

<정답>

①콧수염 ②목 칼라 왼쪽 끝의 주름 ③시계의 긴바늘
④와인 잔의 포도주 양 ⑤와인 잔 앞의 책의 권수

5

소수의 곱셈

같은 수를 여러 번 더하는 것이 곱셈이죠?

소수의 곱셈도 마찬가지예요!

소수의 곱셈은 우리 친구들이 잘 알고 있는
자연수의 곱셈하고 굉장히 비슷한데요.
자연수의 곱셈을 잘 할 줄 아는 친구라면
소수의 곱셈도 어렵지 않게 할 수 있을 거예요.

자, 그럼 소수의 곱셈은 어떻게 계산하는지
자연수의 곱셈부터 간단히 살펴볼까요?

0 자연수의 곱셈

$\times$: 같은 수를 여러 번 $+$ 한 것

☆ $124 \times 3 = ?$

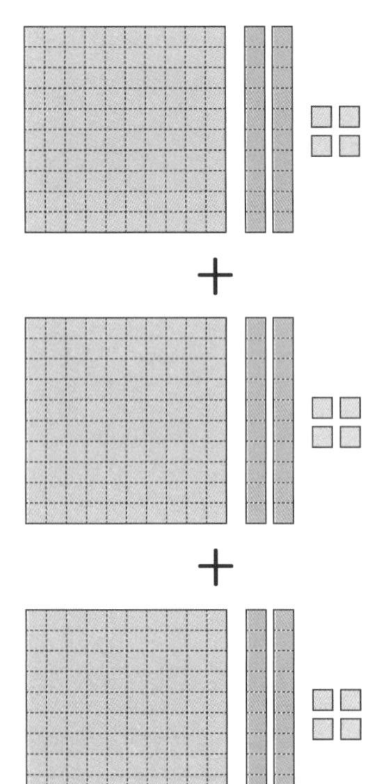

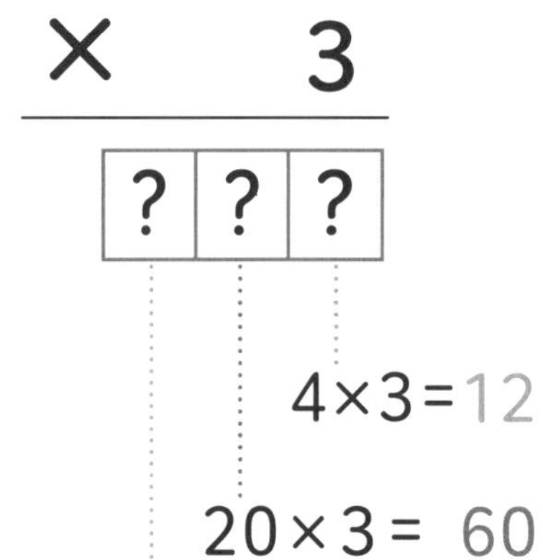

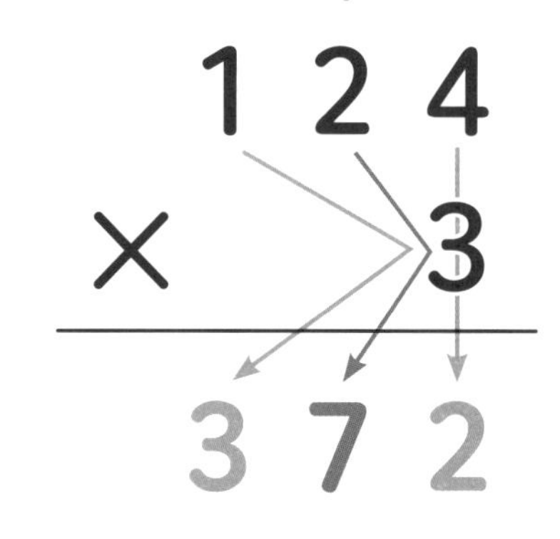

개념 익히기 1

계산해 보세요.

01

$$\begin{array}{r} 584 \\ \times \quad 2 \\ \hline 1168 \end{array}$$

02

$$\begin{array}{r} 14 \\ \times \quad 7 \\ \hline \end{array}$$

03

$$\begin{array}{r} 306 \\ \times \quad 9 \\ \hline \end{array}$$

▶정답 및 해설 6쪽

큰 수를 곱할 때도, ×는 +를 여러 번!

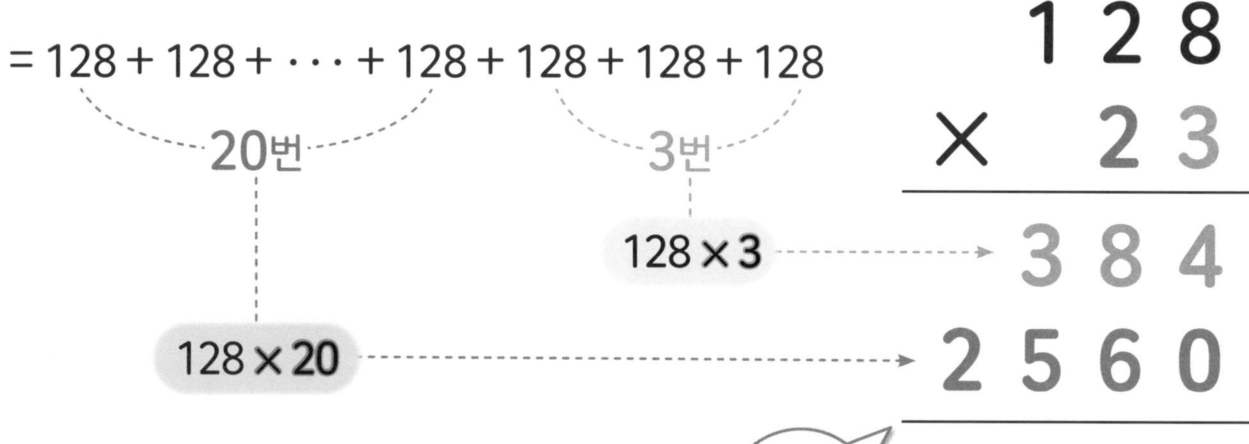

= 128 + 128 + · · · + 128 + 128 + 128 + 128
20번
3번
128 × 3
128 × 20
1 2 8
× 2 3
3 8 4
2 5 6 0
2 9 4 4

줄 긋고,
곱의 값
더하기

$= 128 \times 20 + 128 \times 3$

$= 2560 + 384$

$= 2944$

개념 익히기 2

계산해 보세요.

01

$$\begin{array}{r} 104 \\ \times \quad 87 \\ \hline 728 \\ 832 \\ \hline 9048 \end{array}$$

02

$$\begin{array}{r} 36 \\ \times \ 58 \\ \hline \end{array}$$

03

$$\begin{array}{r} 270 \\ \times \quad 49 \\ \hline \end{array}$$

1 곱의 소수점의 위치

10 100 1000 곱하기

□가 10개 있다!

□ × 10

□가 100개 있다!

□ × 100

□가 1000개 있다!

□ × 1000

예 **0.14 × 10**

0.1 4 → Ø 1.4

= 1.4

01은 1과 같은 거야.
수에서 제일 왼쪽의 0은 안 써!

예 **0.14 × 100**

0.1 4 → 1 4.

= 14

소수 부분에 아무것도 없으면
자연수로 쓰기~

예 **0.14 × 1000**

0.1 4 → 1 4 ⬚

= 140

소수점을 옮기면서 생긴
빈 자리는 0으로 채워!

개념 익히기 1

알맞게 ◡↗ 표시를 그리세요.

01

 × 100 ➡ 

02

× 10 ➡ 

03

× 1000 ➡ 

▶ 정답 및 해설 7쪽

2506

0.1 0.01 0.001 곱하기

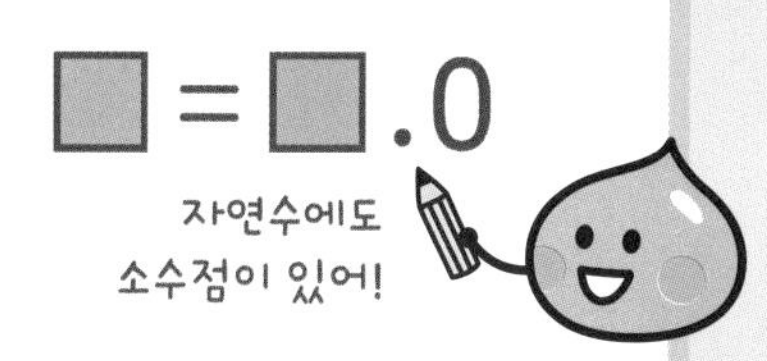
□ = □.0
자연수에도
소수점이 있어!

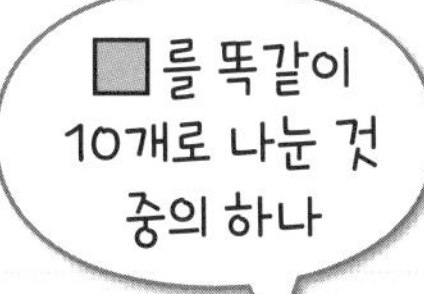
□를 똑같이
10개로 나눈 것
중의 하나

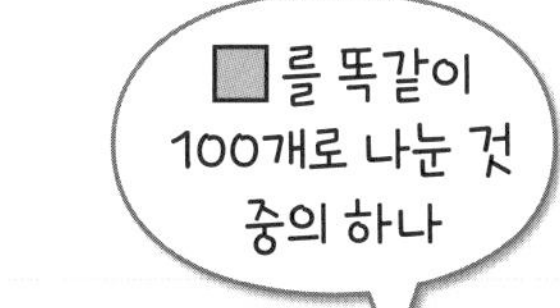
□를 똑같이
100개로 나눈 것
중의 하나

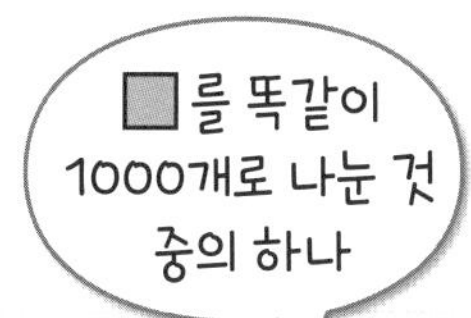
□를 똑같이
1000개로 나눈 것
중의 하나

□ × 0.1

□ × 0.01

□ × 0.001

예 15 × 0.1

15.

= 1.5

예 15 × 0.01

15.

= 0.15

예 15 × 0.001

15.

= 0.015

개념 익히기 2

알맞게 표시를 그리세요.

01

× 0.1 ➡  

02

× 0.001 ➡ 

03

× 0.01 ➡ 

개념 다지기 1

↷ 표시를 알맞게 그리거나, ↷ 표시를 보고 빈칸을 알맞게 채우세요.

01 70.08×100

7 0.0 8

02 $22.86 \times$ □

2 2.8 6

03 91.5×0.01

9 1.5

04 $1.027 \times$ □

1.0 2 7

05 4.63×0.1

4.6 3

06 $8.4 \times$ □

8.4

▶정답 및 해설 7쪽

개념 다지기 2

소수점을 알맞게 옮겨서 찍으세요. (필요한 경우 0을 쓰세요.)

01

★.■▲ —— × 10 ——→ ★■.▲

02

●◆.♥ —— × 0.1 ——→ ●◆♥

03

0.▼✚○ —— × 100 ——→ ▼✚○

04

○★.● —— × 0.01 ——→ ○★●

05

■.♥▼ —— × 1000 ——→ ■♥▼

06

✚▲◆⬟ —— × 0.001 ——→ ✚▲◆⬟

개념 마무리 1

빈칸을 알맞게 채우세요.

01

$60.35 \times 0.1 = \boxed{6.035}$

02

$3.409 \times 100 = \square$

03

$2.6 \times \square = 2600$

04

$158 \times \square = 0.158$

05

$440 \times 0.01 = \square$

06

$92.7 \times \square = 0.0927$

▸ 정답 및 해설 8쪽

개념 마무리 2

다른 수 하나를 찾아 ×표 하세요.

01

53×0.01 0.053×10  5.3×0.1

02

160×0.1 1.6×10 0.16×100 1600×0.001

03

6.4×100 640×0.01 0.64×10 6400×0.001

04

950×0.001 0.095×10 9.5×0.1 0.95×1000

05

4.72×1000 47200×0.1 472×0.01 47.2×100

06

78×0.1 7.8×10 780×0.01 0.078×100

2 (소수)×(자연수) ①

★ 0.3×4 는?

곱하기는 더하기를 여러 번 한 것!

$0.3 + 0.3 + 0.3 + 0.3 = 1.2$

0 1 1.2 2

0.1이 3개 가 4번 ---------- $0.1 \times 3 \times 4$

= 0.1이 3개씩 4번 ---------- $0.1 \times 3 \times 4$

= 0.1이 12개 ---------- 0.1×12

= 1.2

곱셈의 중요한 성질

❶ □×△=△×□

❷ □×△×☆ = □×△×☆

개념 익히기 1

곱셈식은 덧셈식으로, 덧셈식은 곱셈식으로 바꿔 쓰세요.

01

5.7×6 ➡ $5.7 + 5.7 + 5.7 + 5.7 + 5.7 + 5.7$

02

2.9×5 ➡

03

$3.8 + 3.8 + 3.8 + 3.8 + 3.8 + 3.8 + 3.8$ ➡

▶정답 및 해설 8쪽

2507

복잡한 수라도,

★ (소수 한 자리 수)×(자연수)는?

0.1이 몇 개인지 생각하기!

13.9×5

$= 13.9 + 13.9 + 13.9 + 13.9 + 13.9$

$= 0.1 \times 139 \times 5$

실제로 하는 계산은 자연수의 곱셈!

$= 0.1 \times 695$

$= 69.5$

세로셈으로 계산하기

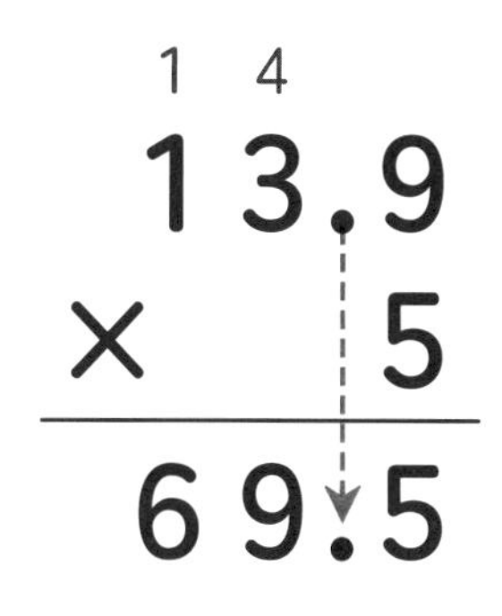

1 4
13.9
× 5
69.5
소수점이 없다~ 생각하고 곱하고
결과가 소수 한 자리 수가 되도록 소수점 찍기

개념 익히기 2

주어진 곱셈을 하기 위해 필요한 자연수의 곱셈식에 ○표 하세요.

01

10.5 × 4 ➡ 15 × 4 | (105 × 4) | 150 × 4

02

69.2 × 3 ➡ 692 × 3 | 69 × 23 | 693 × 2

03

204.7 × 8 ➡ 247 × 8 | 204 × 78 | 2047 × 8

개념 다지기 1

계산 결과에 소수점을 알맞게 표시하세요.

01

$$\begin{array}{r} 3.1 \\ \times \quad 7 \\ \hline 21.7 \end{array}$$

02

$$\begin{array}{r} 0.6 \\ \times \quad 8 \\ \hline 48 \end{array}$$

03

$$\begin{array}{r} 4.5 \\ \times \ 13 \\ \hline 135 \\ 45 \\ \hline 585 \end{array}$$

04

$$\begin{array}{r} 18.6 \\ \times \quad 4 \\ \hline 744 \end{array}$$

05

$$\begin{array}{r} 50.2 \\ \times \quad 9 \\ \hline 4518 \end{array}$$

06

$$\begin{array}{r} 2.7 \\ \times \ 85 \\ \hline 135 \\ 216 \\ \hline 2295 \end{array}$$

▶ 정답 및 해설 9쪽

개념 다지기 2

계산해 보세요.

01

$$\begin{array}{r} \overset{2}{2.9} \\ \times \quad 3 \\ \hline 8.7 \end{array}$$

02

$$\begin{array}{r} 5.6 \\ \times \quad 4 \\ \hline \end{array}$$

03

$$\begin{array}{r} 11.7 \\ \times \quad 6 \\ \hline \end{array}$$

04

$$\begin{array}{r} 3.2 \\ \times \quad 12 \\ \hline \end{array}$$

05

$$\begin{array}{r} 24.5 \\ \times \quad 7 \\ \hline \end{array}$$

06

$$\begin{array}{r} 4.8 \\ \times \quad 53 \\ \hline \end{array}$$

개념 마무리 1

빈칸을 알맞게 채우세요.

01 1.7×4

➡ 0.1이 17개씩 [4]번

➡ 0.1이 ([17]×4)개

➡ 0.1이 68개

➡ [ ]

02 6.2×6

➡ 0.1이 62개씩 [ ]번

➡ 0.1이 ([ ]×6)개

➡ 0.1이 [ ]개

➡ [ ]

03 9.3×8

➡ 0.1이 [ ]개씩 8번

➡ 0.1이 (93×[ ])개

➡ 0.1이 [ ]개

➡ [ ]

04 3.1×19

➡ 0.1이 [ ]개씩 19번

➡ 0.1이 ([ ]×[ ])개

➡ 0.1이 [ ]개

➡ [ ]

05 47.4×6

➡ 0.1이 [ ]개씩 [ ]번

➡ 0.1이 ([ ]×[ ])개

➡ 0.1이 [ ]개

➡ [ ]

06 12.6×22

➡ 0.1이 [ ]개씩 [ ]번

➡ 0.1이 ([ ]×[ ])개

➡ 0.1이 [ ]개

➡ [ ]

▶ 정답 및 해설 9쪽

개념 마무리 2

빈칸을 알맞게 채우세요.

01

$$\begin{array}{r} ^{1}\\ 5.\boxed{8} \\ \times \quad 2 \\ \hline 1\,\boxed{1}.6 \end{array}$$

02

$$\begin{array}{r} 7.9 \\ \times \quad \square \\ \hline \square\,3.7 \end{array}$$

03

$$\begin{array}{r} 4.\square \\ \times \quad 1\,2 \\ \hline \square\,6 \\ \square\,3 \\ \hline \square\,1.6 \end{array}$$

04

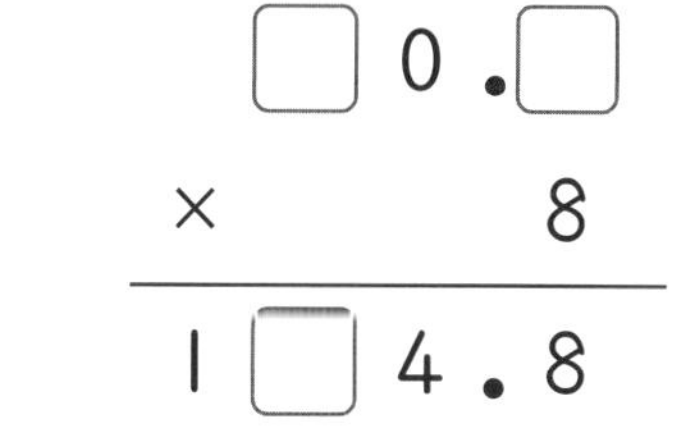

$$\begin{array}{r} \square\,0.\square \\ \times \quad 8 \\ \hline 1\,\square\,4.8 \end{array}$$

05

$$\begin{array}{r} 6.7 \\ \times \,\square\,\square \\ \hline \square\,7 \\ \square\,\square\,5 \\ \hline \square\,\square\,1.7 \end{array}$$

06

$$\begin{array}{r} \square\,8.4 \\ \times \quad \square \\ \hline \square\,3\,3.6 \end{array}$$

3 (소수)×(자연수) ②

★ (소수 두 자리 수)×(자연수)는?

0.01이 몇 개인지 생각하기!

1.38×5

$= 1.38+1.38+1.38+1.38+1.38$

0.01이 138개 가 **5번**

$= 0.01 \times 138 \times 5$

실제로 하는 계산은 자연수의 곱셈!

$= 0.01 \times 690$

0.01이 690개

$= 6.9\not{0}$

세로셈으로 계산하기

$$\begin{array}{r} {\scriptstyle 1\ \ 4} \\ 1.38 \\ \times \quad 5 \\ \hline 6.90 \end{array}$$

소수점이 없다~생각하고 곱하고

결과가 소수 두 자리 수가 되도록 소수점 찍기

➡ 6.9

* 소수점 오른쪽 끝의 0은 생략합니다. 이때, 소수점 먼저 찍고 나서 0 생략하기!

▶ 개념 익히기 1

생략할 수 있는 0에 모두 / 표시하세요.

01

45.005	6.02$\not{0}$	300.1	80.9$\not{0}\not{0}$

02

10.02	900.5	5.700	30.080

03

604.0	2.040	70.300	400.69

▶ 정답 및 해설 10쪽

0.001이 몇 개인지 생각하기!

5.382×3

$= 5.382 + 5.382 + 5.382$

0.001이 5382개 가 **3번**

$= 0.001 \times 5382 \times 3$

실제로 하는 계산은 자연수의 곱셈!

$= 0.001 \times 16146$

$= 16.146$

세로셈으로 계산하기

```
  1 2
  5.382
×     3
-------
 16.146
```

소수점이 없다~ 생각하고 곱하고

결과가 소수 세 자리 수가 되도록 소수점 찍기

개념 익히기 2

알맞은 위치에 소수점을 표시하세요.

01

```
  2 0 3.7
×       6
---------
1 2 2 2.2
```

02

```
  2 0.3 7
×       6
---------
1 2 2 2 2
```

03

```
  2.0 3 7
×       6
---------
1 2 2 2 2
```

개념 다지기 1

소수의 곱을 구하는 과정입니다. 빈칸을 알맞게 채우세요.

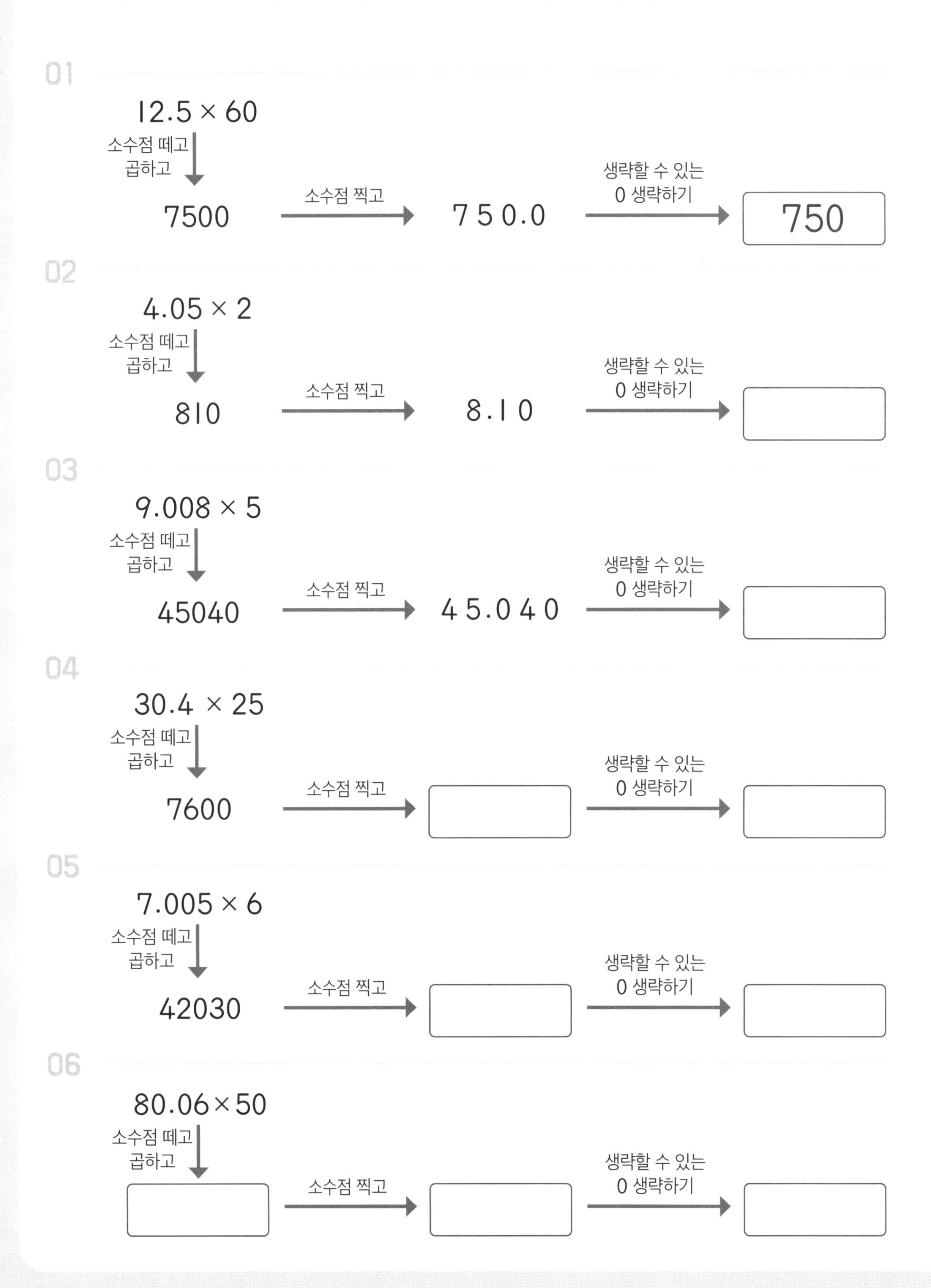

01

12.5 × 60 —(소수점 떼고 곱하고)→ 7500 —(소수점 찍고)→ 750.0 —(생략할 수 있는 0 생략하기)→ [750]

02

4.05 × 2 —(소수점 떼고 곱하고)→ 810 —(소수점 찍고)→ 8.10 —(생략할 수 있는 0 생략하기)→ [ ]

03

9.008 × 5 —(소수점 떼고 곱하고)→ 45040 —(소수점 찍고)→ 45.040 —(생략할 수 있는 0 생략하기)→ [ ]

04

30.4 × 25 —(소수점 떼고 곱하고)→ 7600 —(소수점 찍고)→ [ ] —(생략할 수 있는 0 생략하기)→ [ ]

05

7.005 × 6 —(소수점 떼고 곱하고)→ 42030 —(소수점 찍고)→ [ ] —(생략할 수 있는 0 생략하기)→ [ ]

06

80.06 × 50 —(소수점 떼고 곱하고)→ [ ] —(소수점 찍고)→ [ ] —(생략할 수 있는 0 생략하기)→ [ ]

▶ 정답 및 해설 10쪽

개념 다지기 2

자연수의 곱을 이용하여 소수의 곱을 구하세요.

01 $2.16 \times 5 =$ 10.8

$$\begin{array}{r} 2.16 \\ \times \quad 5 \\ \hline 10.80 \end{array}$$

02 $7.64 \times 3 =$ ☐

$$\begin{array}{r} 764 \\ \times \quad 3 \\ \hline 2292 \end{array}$$

03 $38.9 \times 16 =$ ☐

$$\begin{array}{r} 389 \\ \times \quad 16 \\ \hline 6224 \end{array}$$

04 $6.15 \times 4 =$ ☐

$$\begin{array}{r} 615 \\ \times \quad 4 \\ \hline 2460 \end{array}$$

05 $4.97 \times 28 =$ ☐

$$\begin{array}{r} 497 \\ \times \quad 28 \\ \hline 13916 \end{array}$$

06 $0.802 \times 5 =$ ☐

$$\begin{array}{r} 802 \\ \times \quad 5 \\ \hline 4010 \end{array}$$

개념 마무리 1

계산해 보세요. (생략할 수 있는 0에는 / 표시하세요.)

01

$$\begin{array}{r} \scriptstyle 2 \\ 1.308 \\ \times \quad 3 \\ \hline 3.924 \end{array}$$

02

$$\begin{array}{r} 46.57 \\ \times \quad 2 \\ \hline \end{array}$$

03

$$\begin{array}{r} 3.792 \\ \times \quad 6 \\ \hline \end{array}$$

04

$$\begin{array}{r} 2.05 \\ \times \quad 34 \\ \hline \end{array}$$

05

$$\begin{array}{r} 5.61 \\ \times \quad 12 \\ \hline \end{array}$$

06

$$\begin{array}{r} 7.086 \\ \times \quad 5 \\ \hline \end{array}$$

개념 마무리 2

물음에 답하세요.

01

매일 아침 연우는 거리가 2.34 km인 산책로를 뜁니다. 일주일 동안 연우가 뛴 거리는 몇 km일까요?

식 $2.34 \times 7 = 16.38$ 답 16.38 km

02

어느 가게에서 한 자루에 8.35 kg인 쌀을 4자루 샀습니다. 구입한 쌀의 무게는 몇 kg일까요?

식 ______ 답 ______ kg

03

길이가 1.407 m인 밧줄 3개를 겹치는 부분 없이 모두 이어 붙였습니다. 이어 붙인 밧줄의 길이는 몇 m가 될까요?

식 ______ 답 ______ m

04

수지는 한 개의 무게가 30.9 g인 메달을 13개 가지고 있습니다. 수지가 가진 메달의 무게는 모두 몇 g일까요?

식 ______ 답 ______ g

05

벽에 넓이가 6.516 cm^2인 타일 20장을 겹치지 않도록 빈틈없이 붙였습니다. 타일을 붙인 벽의 넓이는 몇 cm^2일까요?

식 ______ 답 ______ cm^2

06

어느 택시가 1시간에 72.08 km를 갑니다. 같은 빠르기로 쉬지 않고 간다면 5시간 동안 갈 수 있는 거리는 몇 km일까요?

식 ______ 답 ______ km

4 (자연수) × (소수)

소수를 곱한다?

소수만큼!

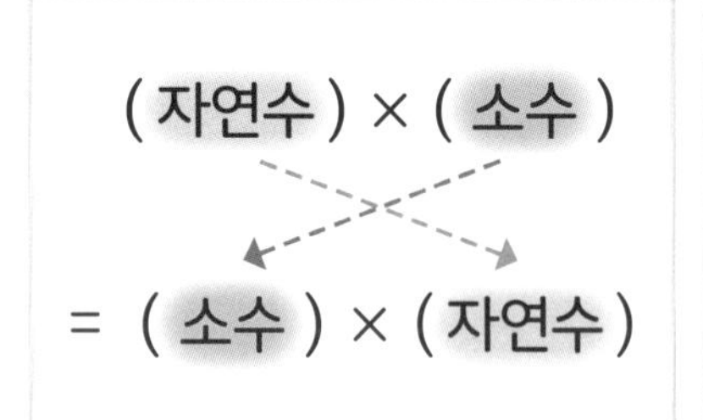

곱셈의 중요한 성질

❶ □×△=△×□

❷ □×△×☆ = □×△×☆

1 × 0.7은?

➡ 1의 0.7만큼!

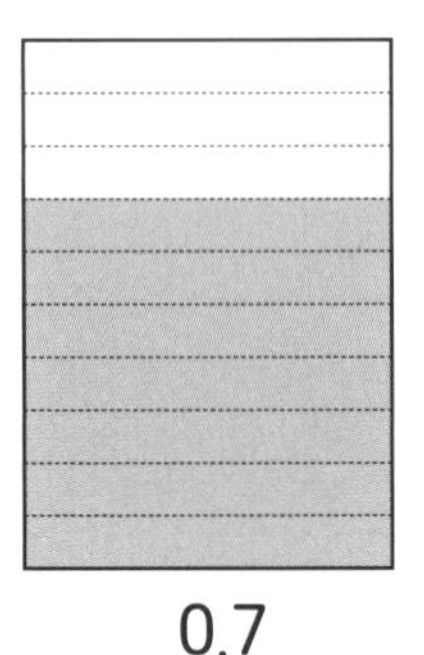

1×0.7

$= 0.7 \times 1$

2 × 0.7은?

➡ 2의 0.7만큼!

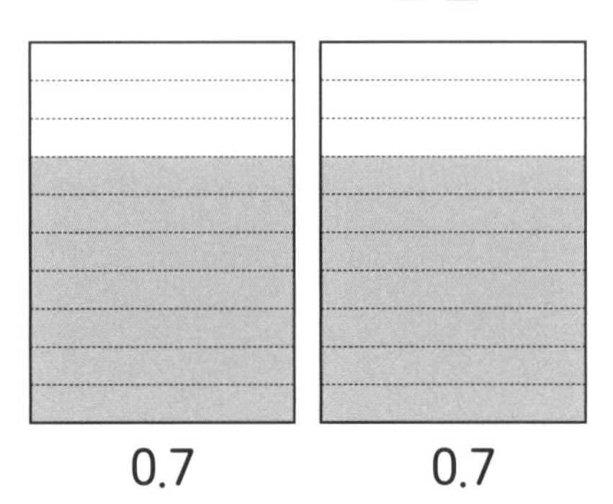

2×0.7

$= 0.7 \times 2$

개념 익히기 1

계산 결과가 같은 경우를 찾아 알맞게 이어보세요.

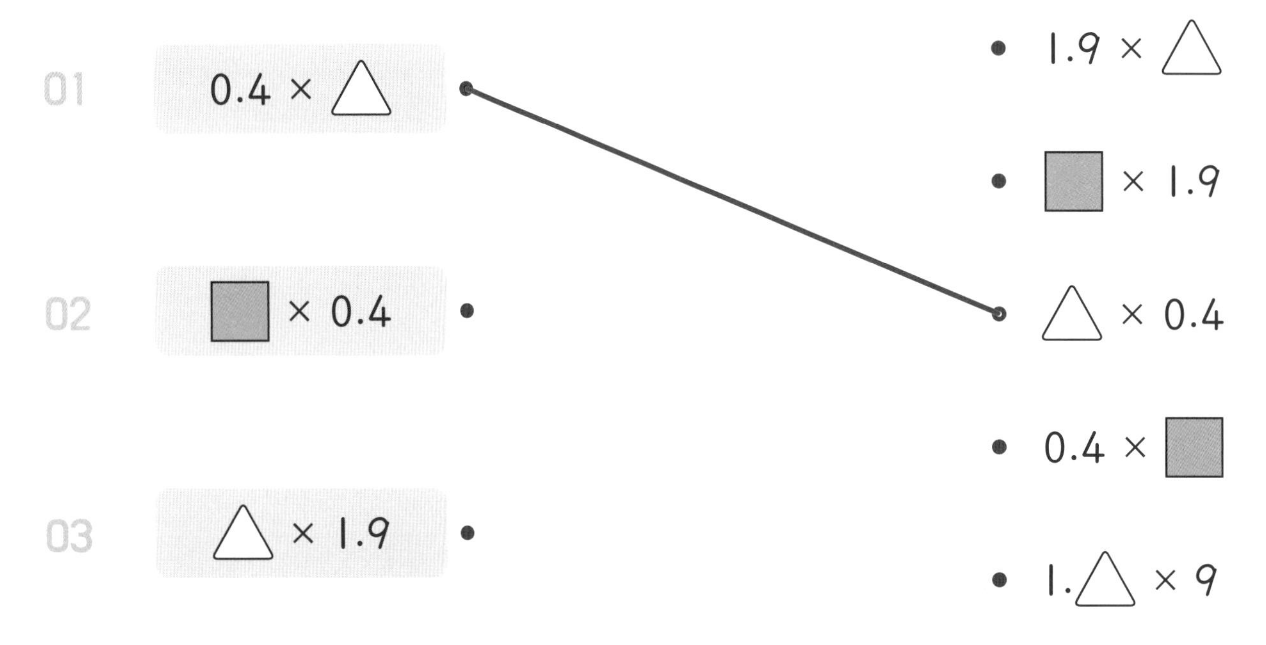

01 $0.4 × \triangle$ •

02 $\blacksquare × 0.4$ •

03 $\triangle × 1.9$ •

• $1.9 × \triangle$

• $\blacksquare × 1.9$

• $\triangle × 0.4$

• $0.4 × \blacksquare$

• $1.\triangle × 9$

▶ 정답 및 해설 11쪽

2509

★ (자연수) × (소수)의 또 다른 계산 방법

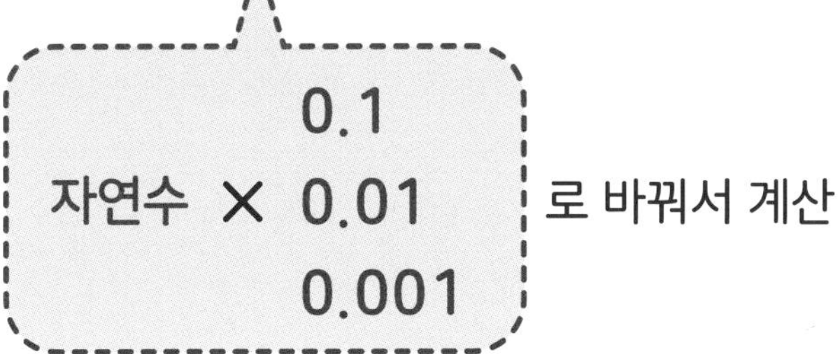

로 바꿔서 계산

소수의 곱셈은
자연수의 곱셈 후에
소수점 찍기!

예

4×2.38

$= 4 \times 238 \times 0.01$

$238 \times 4 = 952$

$= 952 \times 0.01$

$= 9.52$

5×1.364

$= 5 \times 1364 \times 0.001$

$1364 \times 5 = 6820$

$= 6820 \times 0.001$

$= 6.82$

개념 익히기 2

빈칸을 알맞게 채우세요.

01

$35.08 = 3508 \times$ [0.01]

02

$94.2 = 942 \times$ [ ]

03

$7.167 = 7167 \times$ [ ]

개념 다지기 1

빈칸을 알맞게 채우세요.

01 5×0.62
$= 5 \times 62 \times$ [0.01]
$= 310 \times$ [0.01]
$=$ [ ]

02 7×4.76
$= 7 \times 476 \times$ [ ]
$= 3332 \times$ [ ]
$=$ [ ]

03 8×6.153
$= 8 \times$ [ ] $\times$ [ ]
$= 49224 \times$ [ ]
$=$ [ ]

04 25×5.04
$=$ [ ] $\times 504 \times$ [ ]
$= 12600 \times$ [ ]
$=$ [ ]

05 30×10.07
$=$ [ ] $\times 1007 \times$ [ ]
$=$ [ ] $\times$ [ ]
$=$ [ ]

06 4×9.805
$= 4 \times 9805 \times$ [ ]
$=$ [ ] $\times$ [ ]
$=$ [ ]

개념 다지기 2

빈칸을 알맞게 채우세요.

01 $24 \times 0.17 =$ [4.08]

$$\begin{array}{r} 2\ 4 \\ \times\ 0.1\ 7 \\ \hline 1\ 6\ 8 \\ 2\ 4\ \ \\ \hline 4.0\ 8 \end{array}$$

02 $19 \times 3.8 =$ [ ]

$$\begin{array}{r} 1\ 9 \\ \times\ 3.8 \\ \hline 1\ 5\ 2 \\ 5\ 7\ \ \\ \hline \square \end{array}$$

03 $8 \times 4.092 =$ [ ]

$$\begin{array}{r} 8 \\ \times\ 4.0\ 9\ 2 \\ \hline \end{array} \Rightarrow \begin{array}{r} 4.0\ 9\ 2 \\ \times\ \ \ \ \ \ 8 \\ \hline \square \end{array}$$

04 $7 \times 26.73 =$ [ ]

$$\begin{array}{r} 7 \\ \times\ 2\ 6.7\ 3 \\ \hline \end{array} \Rightarrow \begin{array}{r} 2\ 6.7\ 3 \\ \times\ \ \ \ \ \ 7 \\ \hline \square \end{array}$$

05 $35 \times 0.304 =$ [ ]

$$\begin{array}{r} 3\ 5 \\ \times\ 0.3\ 0\ 4 \\ \hline \end{array} \Rightarrow \begin{array}{r} 0.3\ 0\ 4 \\ \times\ \ \ \ 3\ 5 \\ \hline \square \\ \square\ \ \\ \hline \square \end{array}$$

06 $42 \times 16.45 =$ [ ]

$$\begin{array}{r} 4\ 2 \\ \times\ 1\ 6.4\ 5 \\ \hline \end{array} \Rightarrow \begin{array}{r} 1\ 6.4\ 5 \\ \times\ \ \ \ 4\ 2 \\ \hline \square \\ \square\ \ \\ \hline \square \end{array}$$

개념 마무리 1

빈칸을 알맞게 채우세요.

01

7 → ×2.004 → 14.028

02

8.23 → ×6 → ☐

03

5 → ×9.678 → ☐

04

33 → ×7.26 → ☐

05

4 → ×14.05 → ☐

06

6.921 → ×2 → ☐

▶ 정답 및 해설 12쪽

개념 마무리 2

물음에 답하세요.

01

다음은 싸다 주유소의 가격을 나타낸 표입니다.

<싸다 주유소 가격>

종류	1 L당 가격
휘발유	1950.3원
경유	1700원

(1) 싸다 주유소에서 휘발유 20 L를 샀을 때 가격은 얼마일까요?

식 $1950.3 \times 20 = 39006$

답 39006 원

(2) 25000원으로 경유 15.5 L를 사려면 얼마가 더 필요할까요?

식

답 원

02

다음은 철물점에서 파는 철근 1 m의 무게를 나타낸 표입니다.

<철근 무게>

종류	1 m당 무게
국내산	6.23 kg
수입산	8 kg

(1) 국내산 철근 40 m의 무게는 몇 kg일까요?

식

답 kg

(2) 1 t까지 실을 수 있는 트럭에 수입산 철근 50.17 m를 실었다면 이 트럭에 더 실을 수 있는 무게는 몇 kg일까요?

식

답 kg

5 (소수)×(소수) ①

★ 자연수 × 어떤 수 를 그림으로 살펴보자!

이것만 기억하면 되겠네~

7×1 ----- 그대로!

0 7

7×0.5 ----- 절반이 되고!

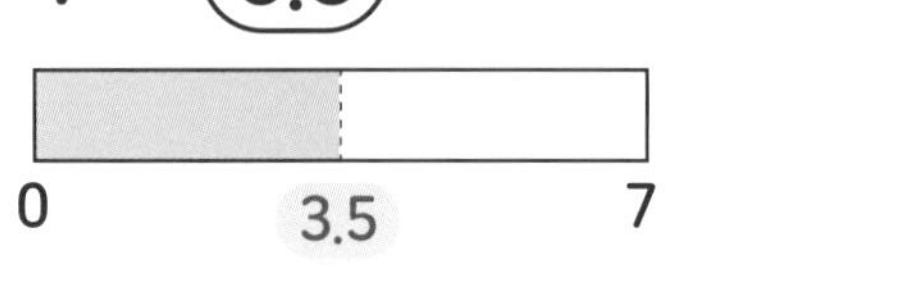

7×1.5 ----- 절반이 더 생기네!

0 7 10.5 14

7 3.5

그대로!

□ × 1 = □

작아진다!

□ × 1보다 작은 수 = □

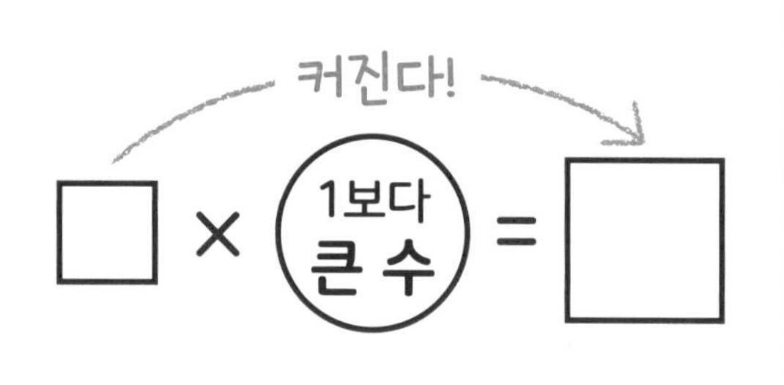

▶ 개념 익히기 1

식의 결과가 어떻게 될지 알맞은 말에 ○표 하세요.

01

? × 2 = ?

(커진다) / 그대로 / 작아진다

02

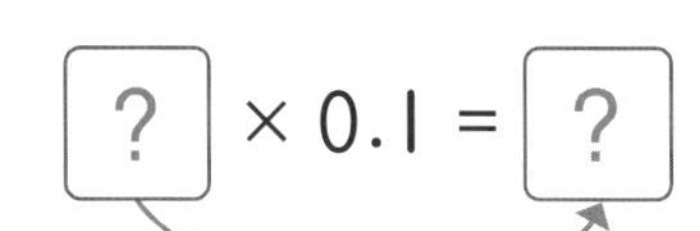

커진다 / 그대로 / 작아진다

03

? × 1 = ?

커진다 / 그대로 / 작아진다

▶ 정답 및 해설 13쪽

2511

  ×  의 계산 방법

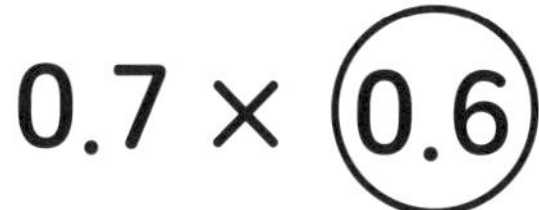

0.7 × 0.6

1보다 작은 수

→ 0.7보다 작아진다!

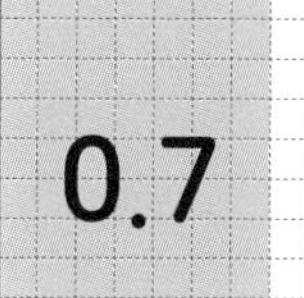

의 0.6

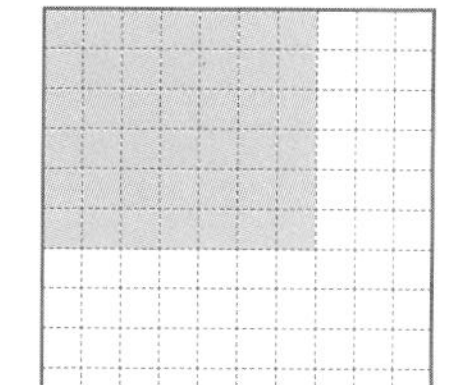

색칠한 부분 :
0.7 × 0.6

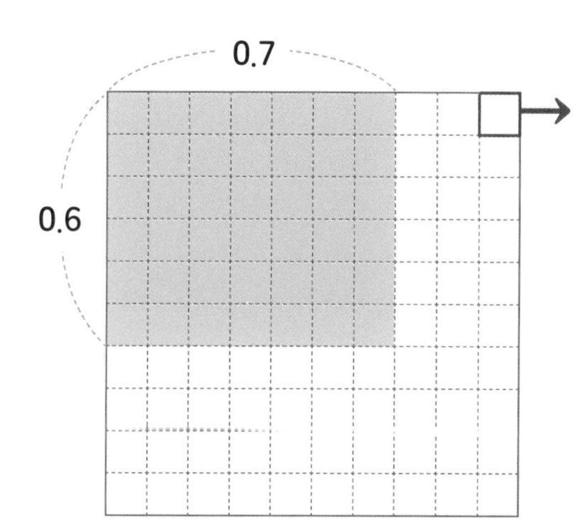

한 칸의 크기 : 0.01

색칠한 사각형의 개수 :
7 × 6 = 42(개)

색칠한 부분 : 0.01이 42개

0.42

개념 익히기 2

계산한 결과가 0.7보다 작은 곱셈식에 ○표 하세요.

01

0.7×1.4 (　　)

0.7×0.2 ()

02

0.7×0.5 (　　)

0.7×6 (　　)

03

0.7×1.8 (　　)

0.7×0.8 (　　)

개념 다지기 1

계산해 보세요.

01

$15 \times 0.5 = 7.5$

02

$15 \times 1 =$

03

$15 \times 1.5 =$

04

$0.5 \times 9 =$

05

$1 \times 9 =$

06

$1.5 \times 9 =$

▶ 정답 및 해설 13쪽

개념 다지기 2

곱셈식이 의미하는 것을 알맞게 색칠하세요.

01 0.2×0.4

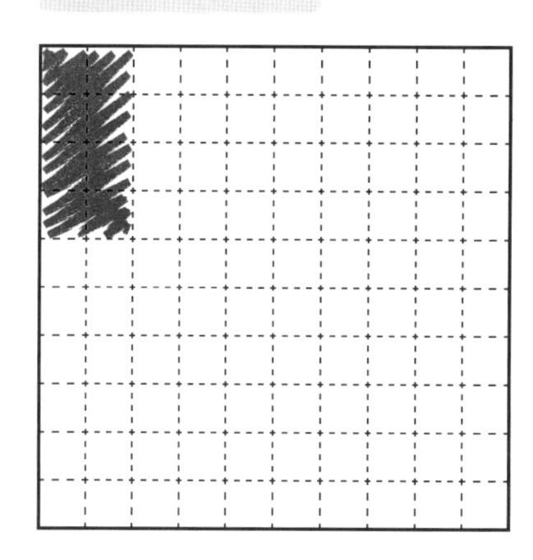

02 0.5×0.8

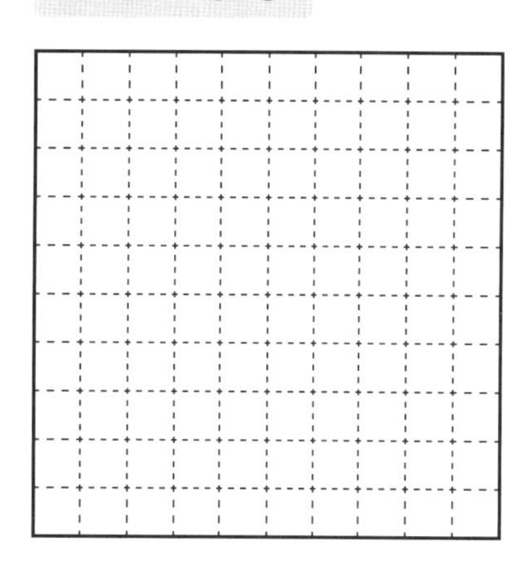

03 0.7×0.3

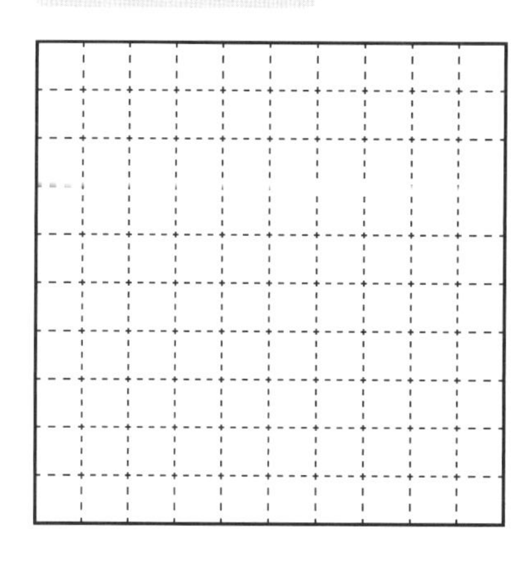

04 0.9×0.4

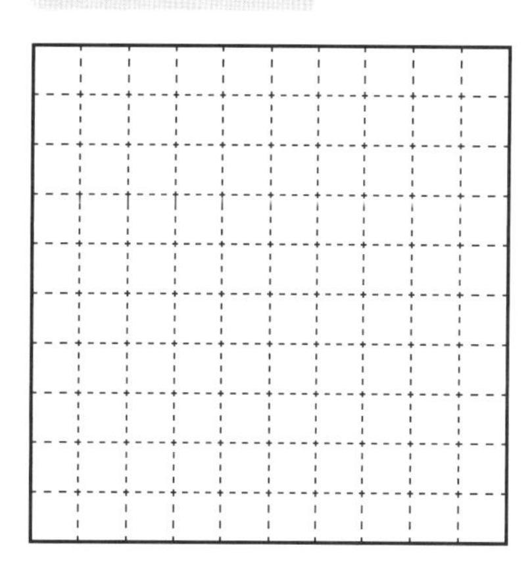

05 0.6×0.8

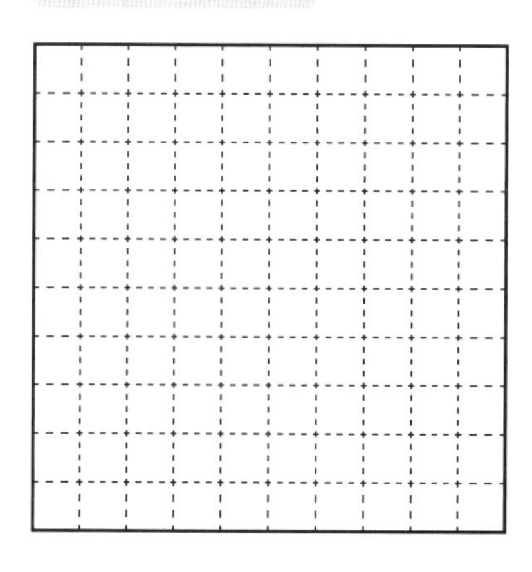

06 0.1×1

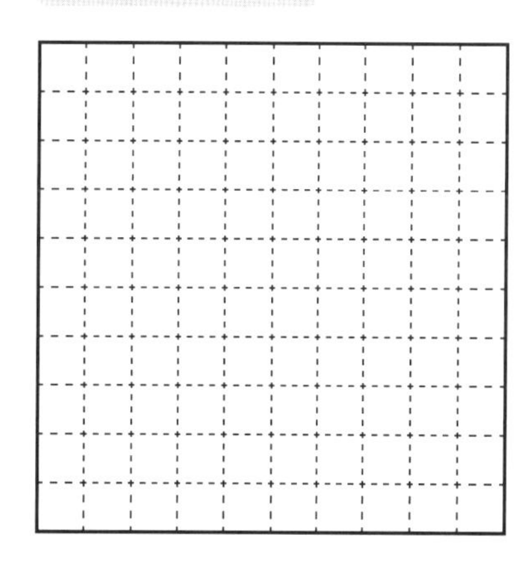

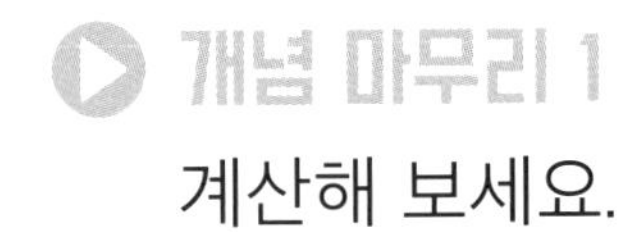

계산해 보세요.

01

$0.3 \times 0.4 =$ 0.12

02

$0.6 \times 0.1 =$

03

$0.7 \times 0.2 =$

04

$0.8 \times 0.9 =$

05

$0.4 \times 0.5 =$

06

$0.7 \times 0.6 =$

▶ 정답 및 해설 14쪽

개념 마무리 2

빈칸을 알맞게 채우세요.

01

$11 \times \boxed{0.3} = 3.3$

02

$\square \times 0.2 = 0.12$

03

$9 \times \square = 6.3$

04

$\square \times 0.8 = 0.32$

05

$0.6 \times \square = 0.48$

06

$\square \times 0.4 = 0.36$

6 (소수) × (소수) ②

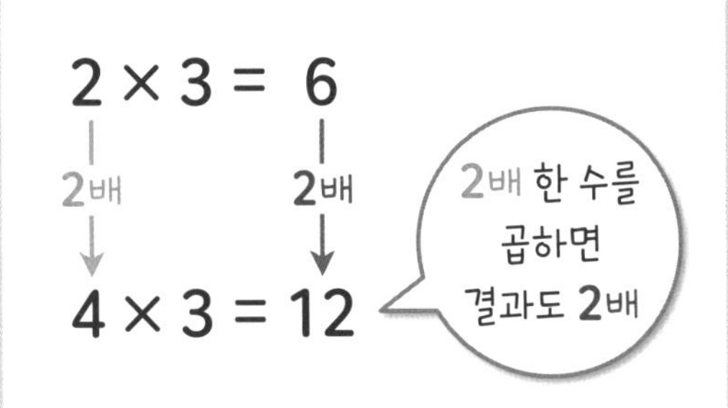

2 × 3 = 6
3배 3배
2 × 9 = 18

3배 한 수를 곱하면 결과도 3배

2 × 3 = 6
2배 3배 6배
4 × 9 = 36

2배 한 수, 3배 한 수를 곱하면 결과는 2×3배

(소수)×(소수)는?
(자연수)×(자연수)로 바꿔서 계산!

2.14 × 1.3 = ?
100배 10배 1000배
214 × 13 = 2782

? —1000배→ 2782
? ←0.001배— 2782

? = 2.782

개념 익히기 1

주어진 소수의 곱셈을 계산하기 위해 필요한 자연수의 곱셈식을 쓰세요.

01

8.7 × 1.46 ➡ 87 × 146

02

52.7 × 6.1 ➡

03

4.08 × 3.9 ➡

▶정답 및 해설 14쪽

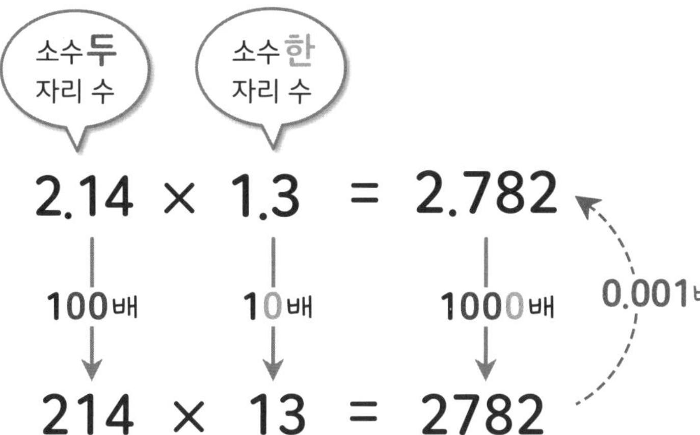

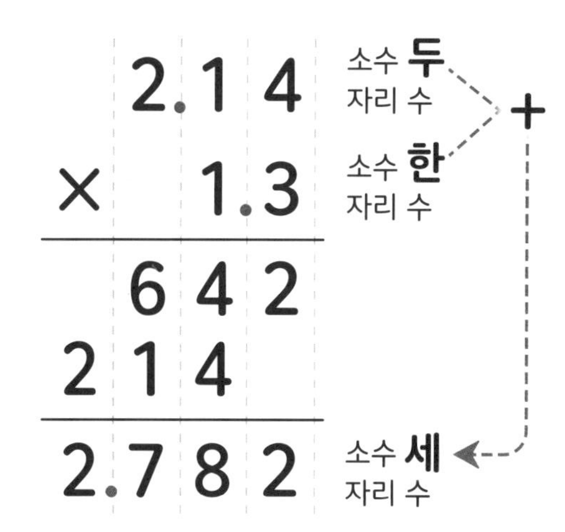

(소수 ■ 자리 수) × (소수 △ 자리 수)

➡ **소수 (■ + △) 자리 수**가 되도록 **소수점 찍기!**

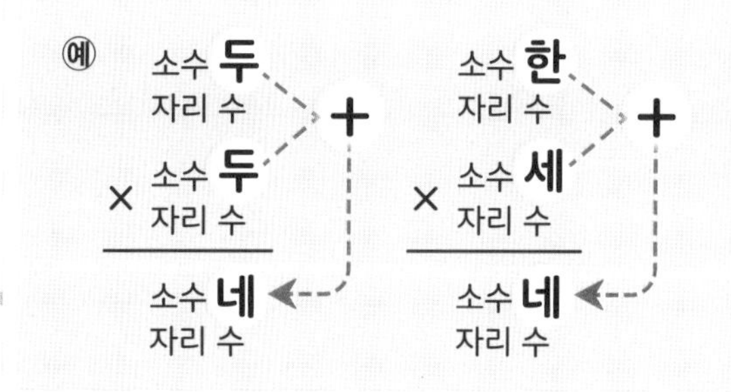

개념 익히기 2

빈칸을 알맞게 채우세요.

01

60.32 —100배→ 6032, 6032 ⇢ 60.32: [0.01]배

02

0.598 —10배→ [ ], [ ] ⇢ 0.598: 0.1배

03

41.6 —1000배→ 41600, 41600 ⇢ 41.6: [ ]배

개념 다지기 1

알맞은 위치에 소수점을 표시하고, 생략할 수 있는 0에는 / 표시하세요.

01

$$\begin{array}{r} 1.34 \\ \times \quad 2.8 \\ \hline 3.752 \end{array}$$

02

$$\begin{array}{r} 6.3 \\ \times \quad 15.1 \\ \hline 9513 \end{array}$$

03

$$\begin{array}{r} 8.6 \\ \times \quad 1.29 \\ \hline 11094 \end{array}$$

04

$$\begin{array}{r} 1.2 \\ \times \quad 3.605 \\ \hline 43260 \end{array}$$

05

$$\begin{array}{r} 4.39 \\ \times \quad 2.14 \\ \hline 93946 \end{array}$$

06

$$\begin{array}{r} 0.525 \\ \times \quad 6.08 \\ \hline 319200 \end{array}$$

▶ 정답 및 해설 15쪽

개념 다지기 2

빈칸을 알맞게 채우세요.

01

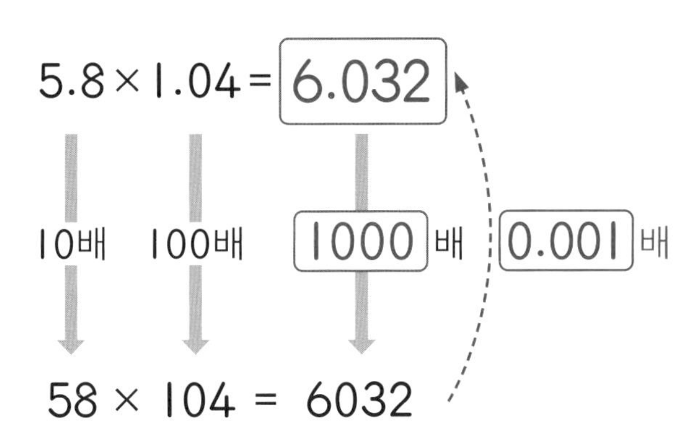

02

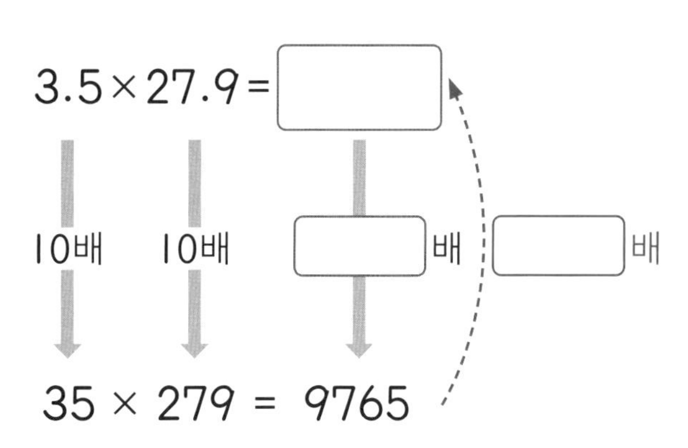

03

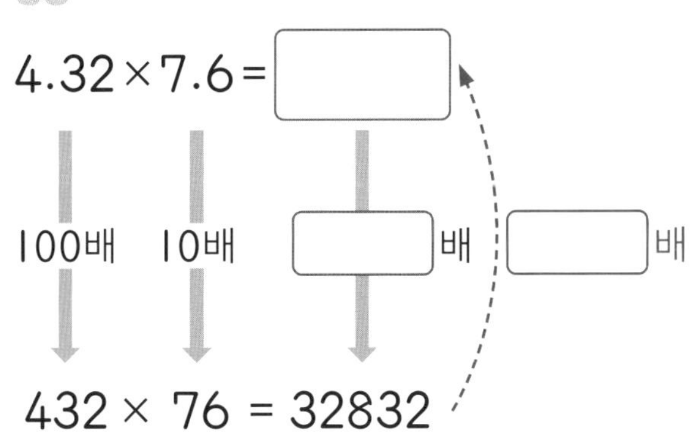

04

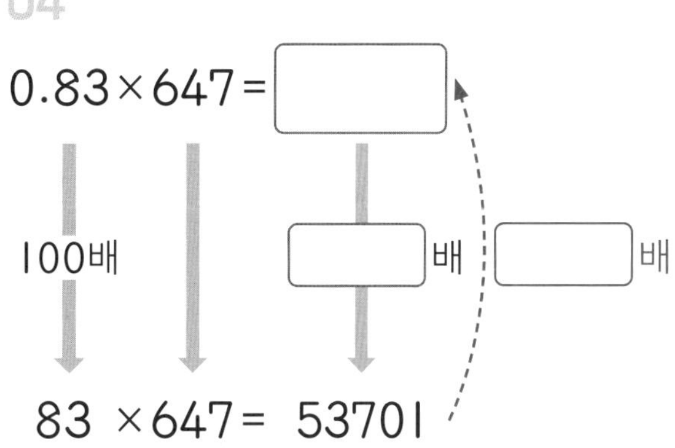

05

754 × 0.5 = ☐

10배 ☐배 ☐배

754 × 5 = 3770

06

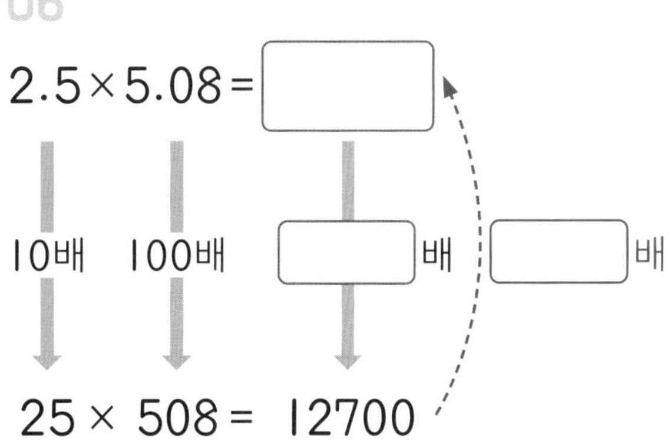

개념 마무리 1

계산해 보세요. (생략할 수 있는 0에는 / 표시하세요.)

01

$$\begin{array}{r} 5.8 \\ \times\ 1.2 \\ \hline 116 \\ 58 \\ \hline 6.96 \end{array}$$

02

$$\begin{array}{r} 6.6 \\ \times\ 10.1 \\ \hline \end{array}$$

03

$$\begin{array}{r} 4.27 \\ \times\ 3.8 \\ \hline \end{array}$$

04

$$\begin{array}{r} 0.019 \\ \times\ 5.4 \\ \hline \end{array}$$

05

$$\begin{array}{r} 0.23 \\ \times\ 8.17 \\ \hline \end{array}$$

06

$$\begin{array}{r} 76.5 \\ \times\ 0.042 \\ \hline \end{array}$$

▶정답 및 해설 15쪽

개념 마무리 2

자연수의 곱셈을 이용하여 소수의 곱셈을 하세요.

01

$89 \times 6 = 534$

$8.9 \times 0.6 =$ 5.34

$0.089 \times 6 =$ 0.534

02

$2 \times 99 = 198$

$2 \times 9.9 =$

$0.2 \times 0.99 =$

03

$305 \times 8 = 2440$

$3.05 \times 8 =$

$0.305 \times 0.8 =$

04

$52 \times 48 = 2496$

$5.2 \times 4.8 =$

$52 \times 0.048 =$

05

$74 \times 203 = 15022$

$0.74 \times 20.3 =$

$7.4 \times 0.203 =$

06

$216 \times 65 = 14040$

$0.216 \times 65 =$

$2.16 \times 0.65 =$

지금까지 소수의 곱셈에 대해 살펴보았습니다.
얼마나 제대로 이해했는지 확인해 봅시다.

1

소수점의 위치를 알맞게 표시하시오.

♥. ● ■ —× 100→ ♥ ● ■

2

다음을 계산하시오.

$$\begin{array}{r} 7.4 \\ \times \quad 6 \\ \hline \end{array}$$

3

빈칸을 알맞게 채우시오.

$86 \times 1.2 =$ ☐

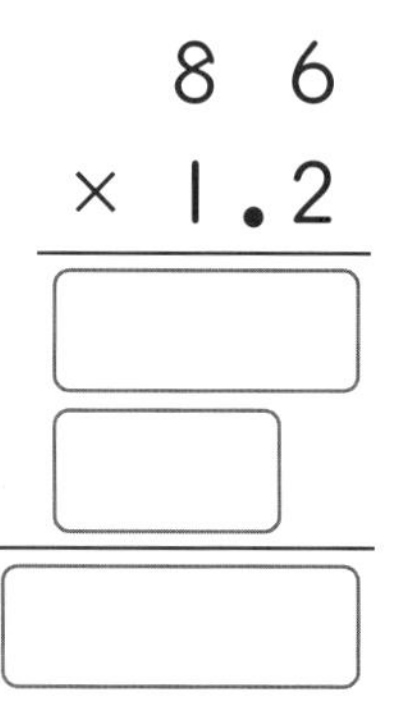

4

자연수의 곱셈을 이용하여 소수의 곱셈을 하시오.

$63 \times 59 = 3717$ ➡ $0.63 \times 5.9 =$

스스로 평가

맞은 개수 8개 ◯	매우 잘했어요.
맞은 개수 6~7개 ◯	실수한 문제를 확인하세요.
맞은 개수 5개 ◯	틀린 문제를 2번씩 풀어 보세요.
맞은 개수 1~4개 ◯	앞부분의 내용을 다시 한번 확인하세요.

▶ 정답 및 해설 16쪽

5

다른 수 하나를 찾아 ×표 하시오.

38×0.1 | 0.38×10 | 3800×0.001 | 3.8×0.01

6

빈칸을 알맞게 채우시오.

$$\begin{array}{r} 2.\square 5 \\ \times \quad\quad 9 \\ \hline 1\square.3\square \end{array}$$

7

계산 결과가 작은 것부터 차례대로 기호를 쓰시오.

㉠ 1.8×6 ㉡ 7×1.42 ㉢ 2.6×3.9

8

진욱이는 길이가 42 cm인 리본의 0.85만큼을 사용하여 선물을 포장하였습니다. 진욱이가 사용한 리본은 몇 cm입니까?

서술형으로 확인

▶ 정답 및 해설 29쪽

1 (소수 두 자리 수) × (자연수)를 계산하는 순서입니다. 문장을 완성해 보세요. (힌트 52쪽)

① 소수점이 없다고 생각하고 곱한다.

② 결과가 .... 가 되도록 소수점을 찍는다.

③ 소수점 오른쪽 끝에 .... 이 있으면 생략한다.

2 8과 어떤 수를 곱하려고 합니다. 주어진 경우에 알맞은 식을 하나씩 쓰세요. (힌트 64쪽)

- 계산 결과가 8보다 작은 곱셈식 :

....

- 계산 결과가 8보다 큰 곱셈식 :

....

3 (소수 □ 자리 수) × (소수 △ 자리 수)의 결과가 소수 다섯 자리 수가 되는 경우를 2가지 쓰세요. (힌트 71쪽)

....

....

....

잠깐! 서술형으로 쓰기 어려워? 그럼 앞에서 배운 걸 떠올려 봐! 앞에서 찾아보고 적어도 좋아!

쉬어가기

곱셈의 법칙

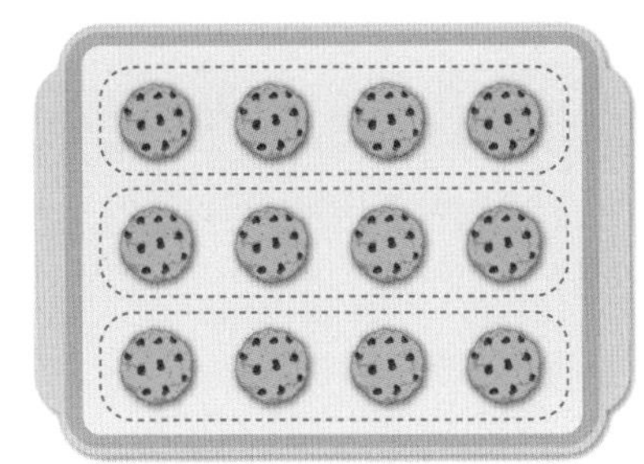

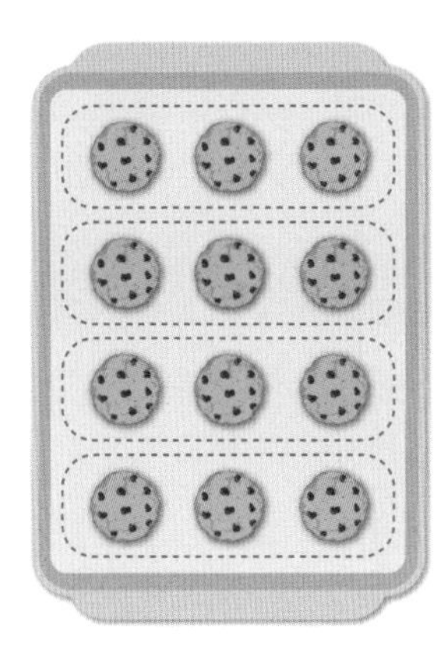

어!
둘이 같은 거네~

4개씩 3묶음 과 3개씩 4묶음은 같은 거죠.

$$4 \times 3 = 3 \times 4$$

➡ 이러한 법칙을 **곱셈의 교환법칙** 이라고 해요.

$$\square \times \triangle = \triangle \times \square$$

곱셈에는 또 하나의 중요한 법칙이 있지!

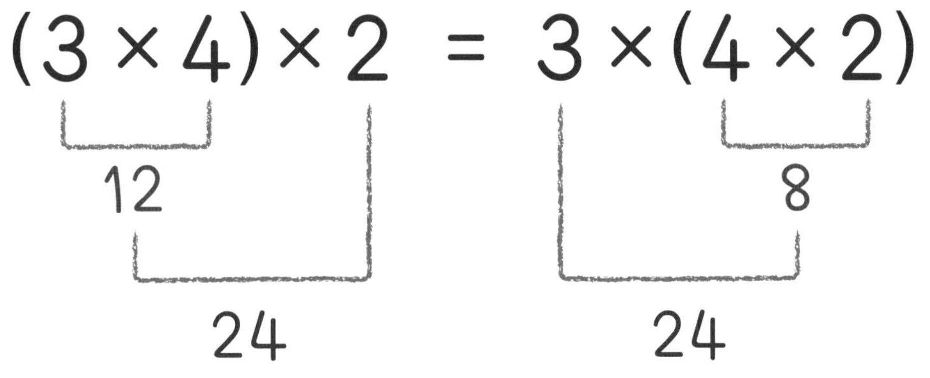

➡ 이러한 법칙을 **곱셈의 결합법칙** 이라고 해요.

$$(\square \times \triangle) \times ☆ = \square \times (\triangle \times ☆)$$

6

소수의 나눗셈

소수의 나눗셈은,

아래의 세 가지 나눗셈 전부를 의미해요.

(소수) ÷ (자연수)

(자연수) ÷ (소수)

(소수) ÷ (소수)

그런데 식은 다르게 보일지 몰라도
계산의 원리는 똑같다는 사실!
그리고 한 가지 덧붙이자면 소수의 나눗셈도
자연수의 나눗셈과 아주 많이 비슷하다는 것~

자, 그럼 자연수의 나눗셈을 어떻게 계산했었는지
잠깐 살펴보고 소수의 나눗셈을 시작하도록 할게요!

0 자연수의 나눗셈

1

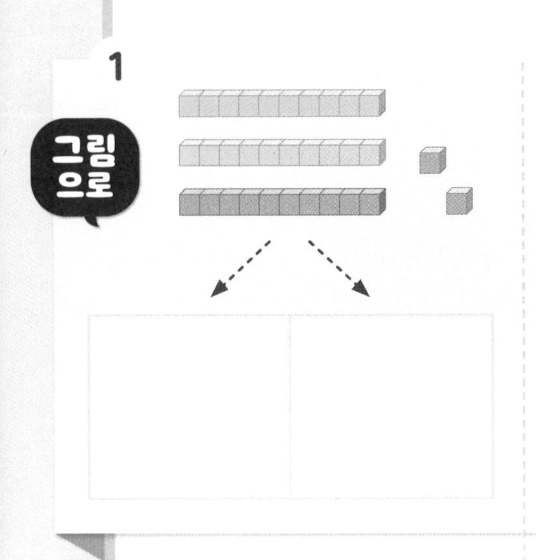

2

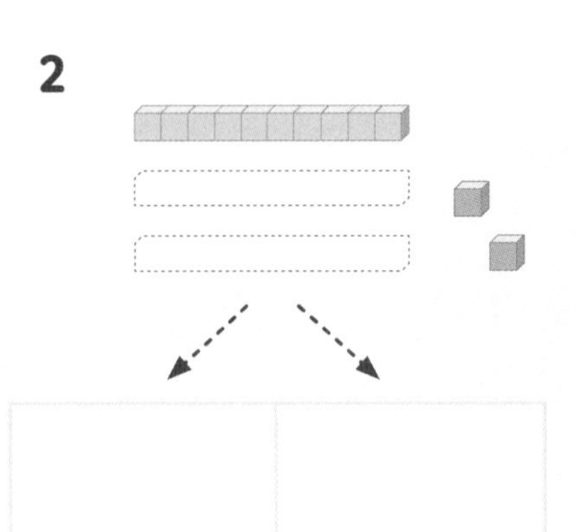

3

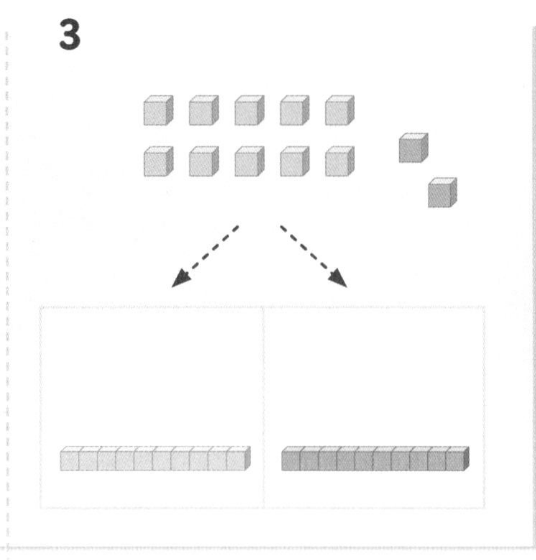

세로셈으로

1.
$$2\overline{)\,3\,2}$$

2.
```
    1   ← 십 모형을 2곳으로 나누면
 2)32
    2
   ---
    1   ← 십 모형 1개가 남음
```

3.
```
    1
 2)32
    2
   ---
    12  그대로 내리면서 십 모형을 일 모형으로 쪼개기
```

개념 익히기 1

계산해 보세요.

01
```
    18
 3)54
   3
   --
   24
   24
   --
    0
```

02
$$4\overline{)68}$$

03
$$6\overline{)174}$$

▶ 정답 및 해설 16쪽
2513

4

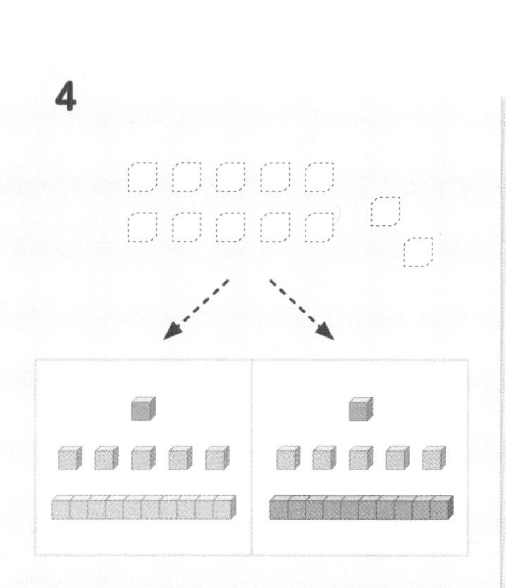

$$
\begin{array}{r}
16 \\
2\overline{)32} \\
2 \\
\hline
12 \\
12 \\
\hline
0
\end{array}
$$

16 ← 일 모형을 2곳으로 나누면

12 ← 2 × 6 = 12

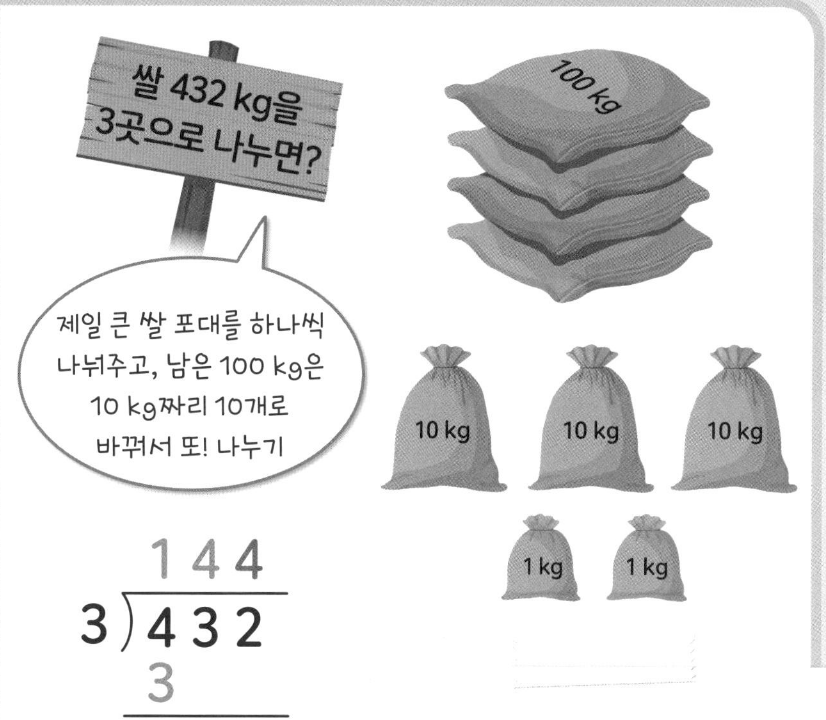
쌀 432 kg을
3곳으로 나누면?
100 kg
제일 큰 쌀 포대를 하나씩 나눠주고, 남은 100 kg은 10 kg짜리 10개로 바꿔서 또! 나누기
10 kg
10 kg
10 kg
1 kg
1 kg

$$
\begin{array}{r}
144 \\
3\overline{)432} \\
3 \\
\hline
13 \\
12 \\
\hline
12 \\
12 \\
\hline
0
\end{array}
$$

큰~덩이부터 나누고,
나누고 **남은 것은**
덩이를 **작게 해서**
또! 나누기

개념 익히기 2

계산해 보세요.

01

$368 \div 16 =$ 23

02

$195 \div 13 =$

03

$918 \div 27 =$

1 나눗셈의 의미

나눗셈에는 **두 가지 의미**가 있어요!

6 ÷ 4 = ?

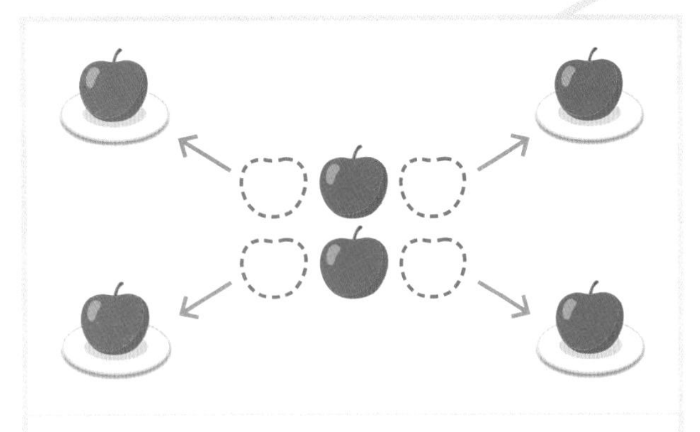

6을 4군데로 똑같이 나누면
한 군데에 1씩 놓이고 2가 남습니다.

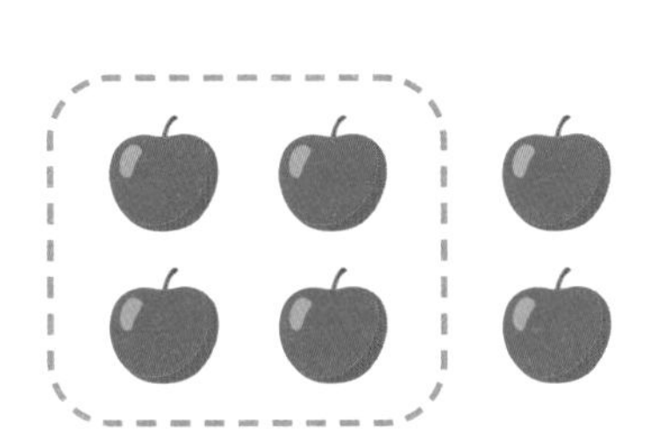

6 안에 4가 1번 들어가고
2가 남습니다.

$$6 \div 4 = 1 \cdots 2$$

6: 나누어지는 수, 4: 나누는 수, 1: 몫, 2: 나머지

개념 익히기 1

빈칸을 알맞게 채우세요.

01

$34 \div 7 = 4 \cdots 6$ ➡ 34를 [7] 군데로 똑같이 나누면 한 군데에 [4] 씩 놓이고 6이 남습니다.

02

$49 \div 5 = 9 \cdots 4$ ➡ [ ] 를 [ ] 군데로 똑같이 나누면 한 군데에 [ ] 씩 놓이고 4가 남습니다.

03

$75 \div 9 = 8 \cdots 3$ ➡ 75를 [ ] 군데로 똑같이 나누면 한 군데에 [ ] 씩 놓이고 [ ] 이 남습니다.

▶ 정답 및 해설 17쪽

소수의 나눗셈도 의미는 두 가지

4.5 ÷ 2 = ?

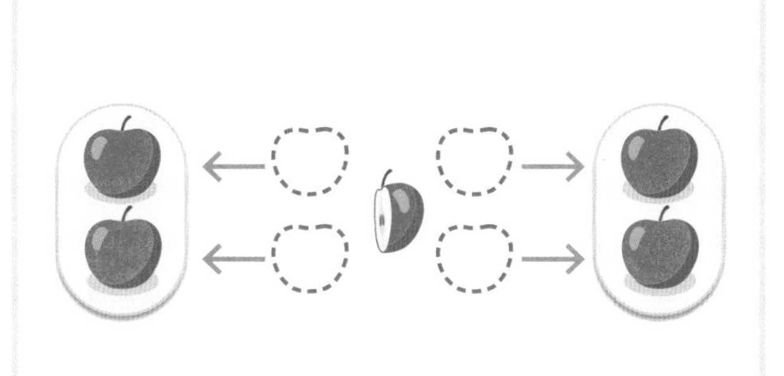

4.5를 2군데로 똑같이 나누면
한 군데에 2씩 놓이고 0.5가 남습니다.

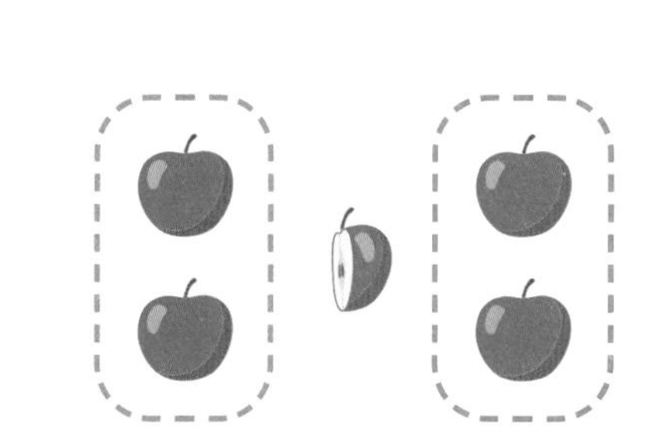

4.5 안에 2가 2번 들어가고
0.5가 남습니다.

$$4.5 \div 2 = 2 \cdots 0.5$$

나누어지는 수 / 나누는 수 / 몫 / 나머지

개념 익히기 2

문장을 읽고 나눗셈식으로 쓰세요.

01

7.3을 4군데로 똑같이 나누면 한 군데에 1씩 놓이고 3.3이 남습니다.

➡ $7.3 \div 4 = 1 \cdots 3.3$

02

12.4를 6군데로 똑같이 나누면 한 군데에 2씩 놓이고 0.4가 남습니다.

➡

03

47.7을 8군데로 똑같이 나누면 한 군데에 5씩 놓이고 7.7이 남습니다.

2 (소수) ÷ (자연수)

퀴즈?

을 **2**명에게 똑같이 나누어주면?

아하!

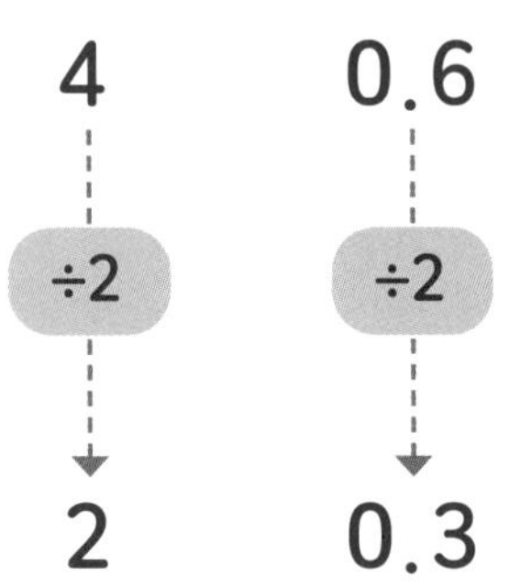

일의 자리 수를 나누고,

소수 첫째 자리 수를 나누면 돼요~

$$2 \overline{)4.6}$$ 몫: 2.3

(소수) ÷ (자연수)도

각 자리별로 나누기!

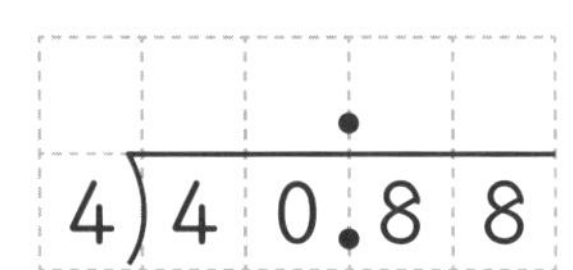

개념 익히기 1

계산해 보세요.

01

$3\overline{)9.3}$ 몫: 3.1

02

$2\overline{)82.6}$

03

$4\overline{)40.88}$

▶ 정답 및 해설 17쪽

소수의 곱셈은?

자연수의 곱셈처럼 곱하고

소수점 찍기!

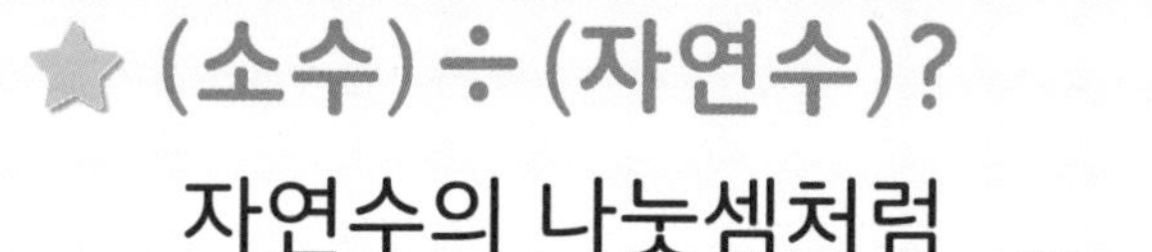

계산하고 **소수점 올려 찍기**

```
     2.3
  ┌─────
2 ) 4.6
    4
  ─────
      6
      6
  ─────
      0
```

```
       8.4 8
   ┌────────
3 ) 2 5.4 4
    2 4
   ────────
      1 4
      1 2
   ────────
        2 4
        2 4
   ────────
          0
```

개념 익히기 2

알맞은 위치에 소수점을 찍어 보세요.

01

```
      7.5 4
   ┌────────
3 ) 2 2.6 2
    2 1
   ────────
      1 6
      1 5
   ────────
        1 2
        1 2
   ────────
          0
```

02

```
      8 2
   ┌──────
9 ) 7 3.8
    7 2
   ──────
      1 8
      1 8
   ──────
        0
```

03

```
       6 9 3
   ┌─────────
6 ) 4 1.5 8
    3 6
   ─────────
      5 5
      5 4
   ─────────
        1 8
        1 8
   ─────────
          0
```

개념 다지기 1

자연수의 나눗셈을 이용하여 소수의 나눗셈을 계산해 보세요.

01 $836 \div 4 = 209$ (long division: 4)836 gives 209) ➡ $8.36 \div 4 = 2.09$ (long division: 4)8.36 gives 2.09)

02 $426 \div 3 = 142$ (long division: 3)426 gives 142) ➡ $4.26 \div 3$ (long division: 3)4.26)

03 $2355 \div 5 = 471$ (long division: 5)2355 gives 471) ➡ $23.55 \div 5$ (long division: 5)23.55)

04 $4102 \div 7 = 586$ (long division: 7)4102 gives 586) ➡ $410.2 \div 7$ (long division: 7)410.2)

05 $852 \div 4 = 213$

➡ $8.52 \div 4 =$

06 $3448 \div 2 = 1724$

➡ $3.448 \div 2 =$

개념 다지기 2

계산해 보세요.

01

$$\begin{array}{r} 2.3 \\ 6\overline{)13.8} \\ 12 \\ \hline 1\,8 \\ 1\,8 \\ \hline 0 \end{array}$$

02

$4\overline{)18.8}$

03

$7\overline{)7.56}$

04

$13\overline{)80.6}$

05

$5\overline{)19.25}$

06

$18\overline{)28.62}$

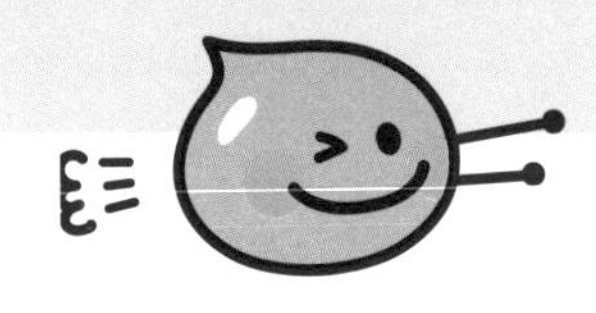

개념 마무리 1

발자국에 적힌 두 나눗셈식의 몫이 같은 것을 찾아 ○표 하세요.

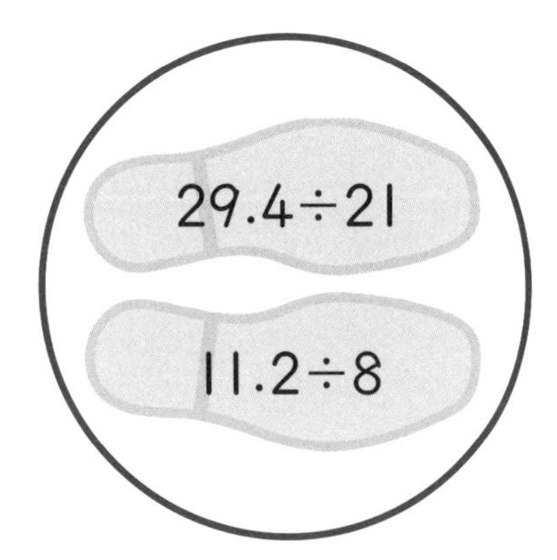

46.4÷16

7.5÷3

99.4÷7

170.4÷12

9.84÷8

6.15÷5

124.8÷6

205.2÷9

87.63÷23

152.4÷4

75.4÷2

133.2÷36

22.4÷14

78.4÷49

▶ 정답 및 해설 19쪽

개념 마무리 2

물음에 답하세요.

01

크림 치즈 523.2 g을 이용해 치즈 케이크를 만들었습니다. 만든 치즈 케이크가 8인분이라면, 1인분에 들어가는 크림 치즈는 몇 g일까요?

식 523.2 ÷ 8 = 65.4 답 65.4 g

02

리본 26.04 m를 7도막으로 똑같이 잘랐습니다. 리본 한 도막의 길이는 몇 m일까요?

식 ______ 답 ______ m

03

간장 30.54 L를 항아리 6개에 똑같이 나누어 담았습니다. 항아리 1개에 담은 간장은 몇 L일까요?

식 ______ 답 ______ L

04

넓이가 201.6 m^2인 화단을 똑같이 나누어 12종류의 꽃을 심었습니다. 한 종류의 꽃을 심은 부분의 넓이는 몇 m^2일까요?

식 ______ 답 ______ m^2

05

쌀 195.3 kg을 9개의 자루에 똑같이 나누어 담았습니다. 한 자루에 담은 쌀은 몇 kg일까요?

식 ______ 답 ______ kg

06

현태는 물이 일정하게 나오는 수도로 욕조에 16분 동안 77.28 L의 물을 받았습니다. 현태가 1분 동안 받은 물의 양은 몇 L일까요?

식 ______ 답 ______ L

3 작은 수도 나누는 나눗셈

소수의 세계에서는 작은 수도 계속 나눌 수 있지~

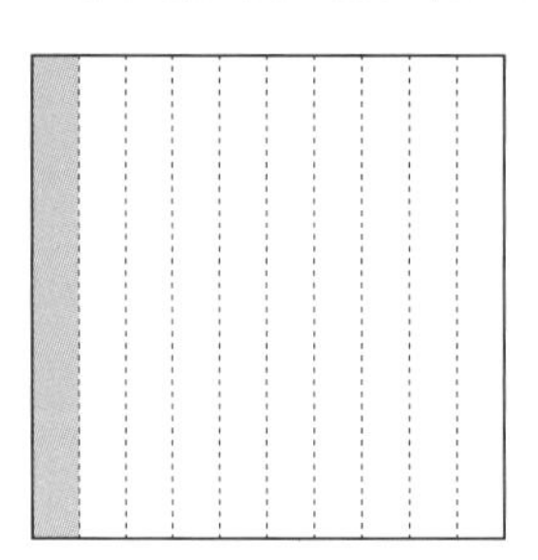

$1 \div 10 = 0.1$

계산의 원리

$1 \div 10 = \boxed{?}$

10배 ↓ ↓ 10배

$10 \div 10 = 1$

$\boxed{?}$ —10배→ 1, 1 —0.1배→ $\boxed{?}$

➡ $\boxed{?} = 0.1$

세로셈

$$\begin{array}{r} 0.1 \\ 10\overline{)\,1.0} \\ \underline{1\,0} \\ 0 \end{array}$$

(작은 수) ÷ (큰 수)의 몫은 0.////

소수점 오른쪽 끝에 생략된 0을 쓰고 계산

개념 익히기 1

빈칸을 알맞게 채우세요.

01

9 --0.1배--> 0.9

02

71 --0.01배--> [ ]

03

4 --0.001배--> [ ]

▶ 정답 및 해설 19쪽

소수점 오른쪽 끝의 0을 내리면서 계속 나눌 수 있어!

$3 \div 4 = ?$

① $4\overline{)3.}$ 몫: 0

3 안에 4가 0번 들어간다.

자연수에 숨어있는 소수점 찍기!

② $4\overline{)3.0}$ 몫: 0

소수점 끝에 생략된 0을 쓰고!

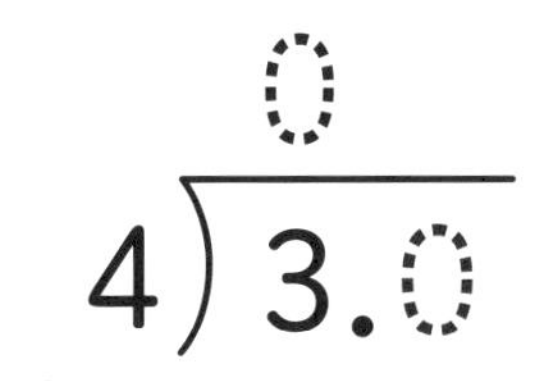

③ $4\overline{)3.0}$ 몫: 0 7, 28, 2

나누기!

④ $4\overline{)3.00}$ 몫: 0.75, 28, 20, 20, 0

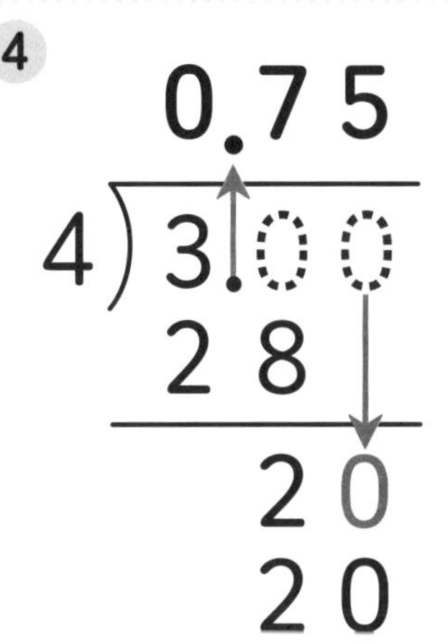

소수점 끝에 생략된 0을 여러 번 내리면서 계속 나눌 수 있어!

개념 익히기 2

몫이 0.▒ 이 되는 나눗셈식에 ○표 하세요.

01

8 ÷ 7	11 ÷ 5	(3 ÷ 4)

02

5 ÷ 4	7 ÷ 12	9 ÷ 6

03

6.2 ÷ 5	4.3 ÷ 8	10.5 ÷ 3

개념 다지기 1

계산하는 데 필요한 만큼 0을 쓰세요.

01

	0.	7	5
4)	3.	0	0
	2	8	
		2	0
		2	0
			0

02

		0.	2	4
2	5)	6.		
		5	0	
		1	0	0
		1	0	0
				0

03

	1.	0	5
6)	6.	3	
	6		
		3	0
		3	0
			0

04

	1.	6	2
5)	8.	1	
	5		
	3	1	
	3	0	
		1	0
		1	0
			0

05

			2.	2	5
1	6)	3	6.		
		3	2		
			4	0	
			3	2	
				8	0
				8	0
					0

06

	1.	2	7	5
8)	1	0.	2	
	8			
	2	2		
	1	6		
		6	0	
		5	6	
			4	0
			4	0
				0

개념 다지기 2

빈칸에 0을 채우고, 소수점을 알맞게 찍으세요.

01 18 ÷ 12

$$\begin{array}{r} 1.5 \\ 12\overline{)18.\boxed{0}} \end{array}$$

02 9 ÷ 2

$$\begin{array}{r} 4\ 5 \\ 2\overline{)9\ \square} \end{array}$$

03 16 ÷ 5

$$\begin{array}{r} 3\ 2 \\ 5\overline{)1\ 6\ \square} \end{array}$$

04 27 ÷ 4

$$\begin{array}{r} 6\ 7\ 5 \\ 4\overline{)2\ 7\ \square\ \square} \end{array}$$

05 4 ÷ 16

$$\begin{array}{r} \square\ 2\ 5 \\ 16\overline{)4\ \square\ \square} \end{array}$$

06 12 ÷ 25

$$\begin{array}{r} \square\ 4\ 8 \\ 25\overline{)1\ 2\ \square\ \square} \end{array}$$

개념 마무리 1

빈칸을 알맞게 채우세요.

01

```
     0.2 5
12)3.0 0
   2 4
     6 0
     6 0
       0
```

➡ $3 \div 12 =$ 0.25

02

```
     □.□ □
20)9.□ □
   8 0
   1 0 0
   □ □ □
       0
```

➡ $9 \div 20 =$ □

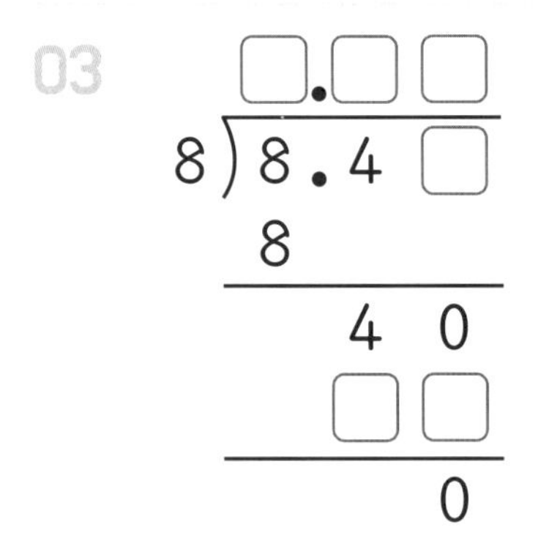

03

```
    □.□ □
8)8.4 □
  8
    4 0
    □ □
      0
```

➡ $8.4 \div 8 =$ □

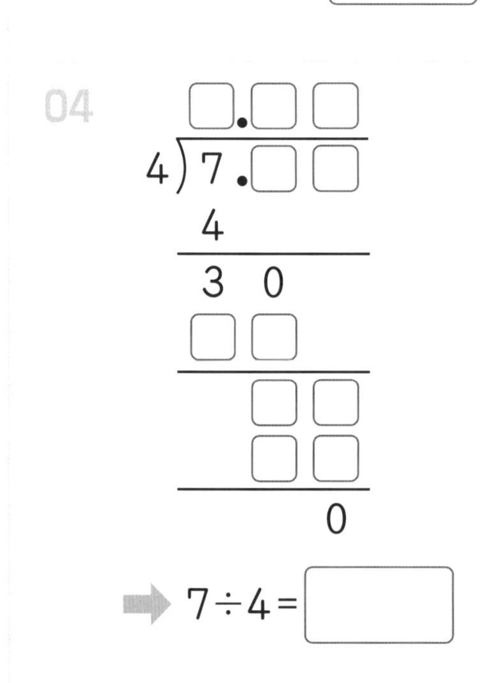

04

```
    □.□ □
4)7.□ □
  4
  3 0
  □ □
    □ □
    □ □
      0
```

➡ $7 \div 4 =$ □

05

```
     □.□ □ □
25)3.1 □ □
   2 5
     □ □
     □ □
     □ □ □
     □ □ □
         0
```

➡ $3.1 \div 25 =$ □

06

```
       □.□ □
56)4 2.□ □
   □ □ □
     □ □ □
     □ □ □
         0
```

➡ $42 \div 56 =$ □

▶ 정답 및 해설 20쪽

개념 마무리 2

계산해 보세요.

01

$$\begin{array}{r} 0.145 \\ 6\overline{)0.870} \\ 6 \\ \hline 27 \\ 24 \\ \hline 30 \\ 30 \\ \hline 0 \end{array}$$

02

$$2\overline{)15.3}$$

03

$$4\overline{)1.1}$$

04

$$5\overline{)9.54}$$

05

$$16\overline{)6.8}$$

06

$$8\overline{)25}$$

4 소수로 나누기

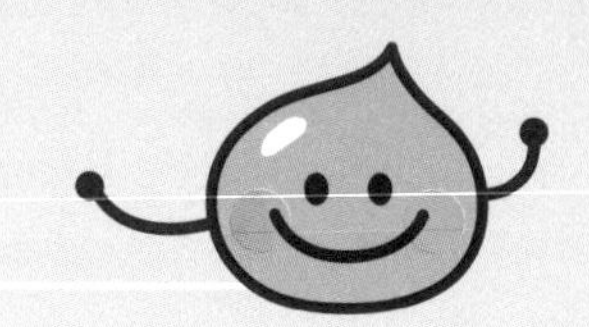

10이
1개, 2개,

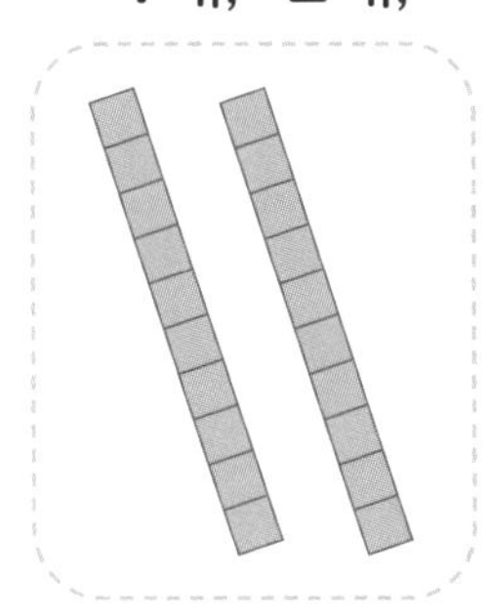

3개, 4개,

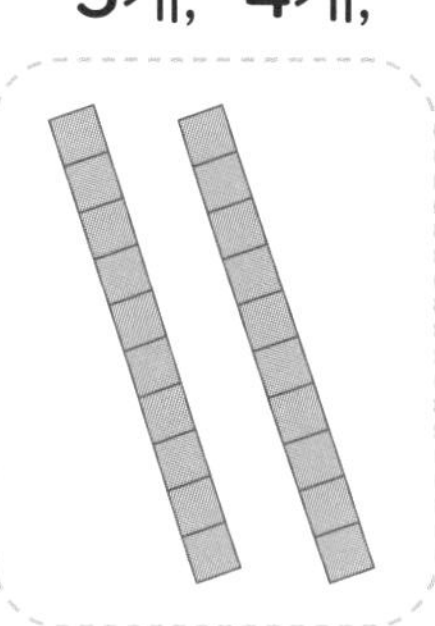

5개, 6개!

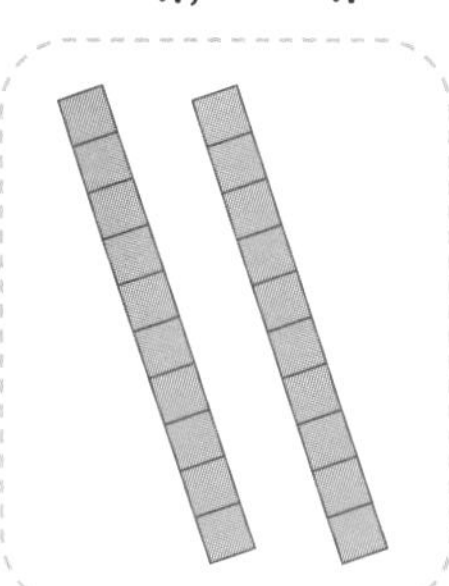

6개를	2개씩 묶으면	묶음이 3개

$$6 \div 2 = 3$$

$$60 \div 20 = 3$$

60개를	20개씩 묶어도	묶음이 3개

$$6 \div 2 = 3$$

(10배, 10배, ||)

$$60 \div 20 = 3$$

나누어지는 수와 **나누는 수**를 **10배** 하면,

몫은 같아요!

개념 익히기 1

빈칸을 알맞게 채우세요.

01

$5.6 \div 0.07 =$ [80]

100배 100배 ||

[560] $\div 7 = 80$

02

$3.6 \div 0.9 =$ [ ]

10배 10배 ||

[ ] $\div 9 = 4$

03

$4.8 \div 0.08 =$ [ ]

100배 100배 ||

[ ] $\div 8 = 60$

▶ 정답 및 해설 21쪽

2517

소수로 나누기?
10배 해서
자연수로 만들자~

10 ÷ 0.5 = ?

나누어지는 수, 나누는 수 둘 다 10배씩!

(10배) (10배)

100 ÷ 5 = 20

자연수로 나눌 수 있게
둘의 소수점을 똑같이
옮기면 되겠어!

0.3.)1.8.

1.2 5.)4.5 8.

0.5.)10.0.

0.9.)7.6.5

⚠ 소수점을 옮기고 생긴 빈 자리는 0으로 채워요~

개념 익히기 2

두 소수점이 같은 규칙으로 이동합니다. ↷ 표시를 알맞게 그리고, 빈칸을 채우세요.

01

0.15 ➡ 15

25.5 ➡ 2550

02

6.4 ➡ 64

80.3 ➡ ☐

03

7.2 ➡ ☐

0.96 ➡ 96

개념 다지기 1

소수의 나눗셈을 계산할 수 있도록 소수점을 바르게 옮긴 것에 ○표 하세요.

01 $0.62\overline{)43.4}$

- $6.2\overline{)434}$ ☐
- $62\overline{)4340}$ ◯

02 $0.54\overline{)67.5}$

- $54\overline{)6750}$ ☐
- $5.4\overline{)675}$ ☐

03 $1.1\overline{)2.86}$

- $11\overline{)28.6}$ ☐
- $11\overline{)286}$ ☐

04 $3.5\overline{)19.95}$

- $35\overline{)1.995}$ ☐
- $35\overline{)199.5}$ ☐

05 $0.27\overline{)8.91}$

- $27\overline{)891}$ ☐
- $27\overline{)8910}$ ☐

06 $1.48\overline{)37}$

- $14.8\overline{)370}$ ☐
- $148\overline{)3700}$ ☐

개념 다지기 2

2518

다음 중 몫이 다른 것 하나를 찾아 ×표 하세요.

01

$9.36 \div 0.9$ 

$0.936 \div 0.09$ $93.6 \div 9$

02

$3.36 \div 0.7$ $33.6 \div 7$ $33.6 \div 70$ $0.336 \div 0.07$

03

$234 \div 18$ $0.234 \div 0.18$ $2.34 \div 1.8$ $23.4 \div 18$

04

$40.56 \div 15.6$ $405.6 \div 156$ $4.056 \div 1.56$ $4.056 \div 0.156$

05

$1.088 \div 0.32$ $10.88 \div 3.2$ $108.8 \div 0.032$ $108.8 \div 32$

06

$739.2 \div 84$ $73.92 \div 84$ $7.392 \div 0.84$ $73.92 \div 8.4$

개념 마무리 1

계산해 보세요.

01

$$\begin{array}{r} 270 \\ 0.04 \overline{)10.80} \\ 8 \\ \hline 28 \\ 28 \\ \hline 0 \end{array}$$

02

$0.06 \overline{)32.4}$

03

$1.8 \overline{)8.46}$

04

$3.5 \overline{)14}$

05

$5.9 \overline{)21.24}$

06

$2.25 \overline{)45}$

개념 마무리 2

물음에 답하세요.

01

젖소 1마리가 하루 동안 생산한 우유가 20.9 L입니다. 우유를 한 팩에 0.55 L씩 담으면, 모두 몇 팩에 담을 수 있을까요?

식 $20.9 \div 0.55 = 38$ 답 38 팩

02

민주는 길이가 6 m인 철사를 0.24 m씩 잘랐습니다. 민주가 자른 철사는 몇 도막이 될까요?

식 답 도막

03

들이가 16.2 L인 수조에 물을 한 번에 0.9 L씩 부으려고 합니다. 수조에 물을 가득 채우려면 물을 몇 번 부어야 할까요?

식 답 번

04

가래떡 한 줄을 만드는 데 쌀이 55.4 g 필요합니다. 쌀 277 g으로 만들 수 있는 가래떡은 모두 몇 줄일까요?

식 답 줄

05

경훈이네 과수원에서 수확한 배는 45.08 kg입니다. 한 상자에 3.22 kg씩 담아서 판다면, 팔 수 있는 배는 모두 몇 상자일까요?

식 답 상자

06

효진이의 몸무게는 39.5 kg이고, 아버지의 몸무게는 67.15 kg입니다. 아버지의 몸무게는 효진이의 몸무게의 몇 배일까요?

식 답 배

5 나누어 주고 남는 양

주스 6.2 L를
2병에 똑같이 나누어
담으면 한 병에는 몇 L?) ÷2

주스 6.2 L를
한 사람에게 2 L씩
나누어 주면 몇 명에게?) ÷2

➡ 식 : $6.2 \div 2 = 3.1$

답 3.1 L

답 ~~3.1 명~~ 3명에게 주고 0.2 L가 남았습니다.

소수는 나누어떨어질 때까지
계속 나눌 수 있지만, 상황에 따라
나머지를 남겨야 할 때도 있어!

▶ 개념 익히기 1

표현이 이상한 것에 ×표 하세요.

01

고양이의 무게가 3.1 kg

장수풍뎅이의 길이가 3.1 cm

~~주차장에 자동차가 3.1대~~ (×)

02

우리 모둠의 학생이 5.4명

등산하는 데 걸린 시간이 5.4시간

필요한 페인트의 양이 5.4 L

03

오늘 아침 기온이 0.9 ℃

담요의 넓이가 0.9 m^2

우리 집 강아지가 0.9마리

▶정답 및 해설 23쪽

2519

소수의 나눗셈에서 나머지 찾기

★ 15.2 ÷ 4

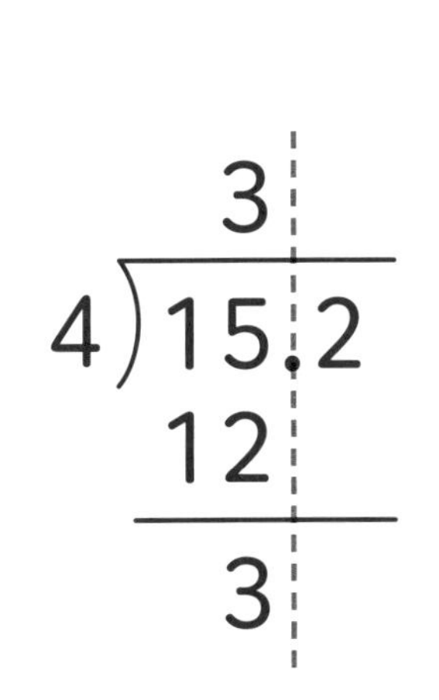

소수점 왼쪽을 계산하고,

▶

3
4)15.2
12
3 2

남은 소수 부분을 내려서

▶

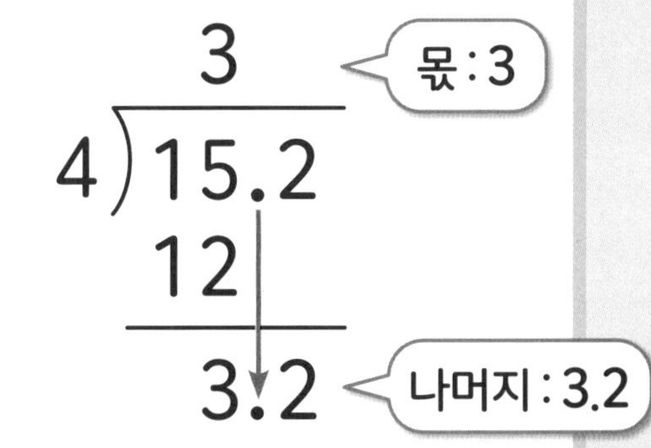

소수점을 나머지에 그대로 이동

➡ $15.2 \div 4 = 3 \cdots 3.2$

▶ 개념 익히기 2

몫이 자연수가 되도록 계산하려고 합니다. 나머지에 알맞게 소수점을 찍고, 몫과 나머지를 쓰세요.

01

6
6)38.5
36
2.5

몫 : 6

나머지 : 2.5

02

8
3)24.9
24
9

몫 : ______

나머지 : ______

03

4
4)17.03
16
103

몫 : ______

나머지 : ______

개념 다지기 1

몫이 자연수가 되도록 나눗셈식을 계산하여 몫과 나머지를 쓰세요.

01

$$\begin{array}{r} 19 \\ 5\overline{)96.8} \\ 5 \\ \hline 46 \\ 45 \\ \hline 1.8 \end{array}$$

몫 : 19

나머지 : 1.8

02

$4\overline{)12.85}$

몫 :

나머지 :

03

$2\overline{)70.4}$

몫 :

나머지 :

04

$8\overline{)32.6}$

몫 :

나머지 :

05

$7\overline{)134.5}$

몫 :

나머지 :

06

$9\overline{)11.79}$

몫 :

나머지 :

▶ 정답 및 해설 23쪽

개념 다지기 2

주어진 상황을 나눗셈식으로 만들어 계산하려고 합니다. 몫이 자연수여야 하는 경우는 '자', 몫이 소수여도 되는 경우는 '소'라고 쓰세요.

01

설탕 30 kg을 8봉지에 똑같이 나누어 담으려고 합니다.
1봉지에 설탕을 몇 kg씩 담아야 할까요?

소

02

우유 800 mL를 한 사람에게 250 mL씩 나누어 주려고 합니다.
몇 명에게 나누어 줄 수 있을까요?

03

수민이는 일주일 동안 9.1시간 운동을 했습니다.
매일 운동한 시간이 똑같다면, 수민이는 하루에 몇 시간 운동을 한 것일까요?

04

반지 1개를 만드는 데 금 2 g을 사용합니다.
금 13.7 g으로 반지를 몇 개 만들 수 있을까요?

05

상자 1개를 포장하는 데 리본 4 m가 필요합니다.
30.7 m짜리 리본으로 상자를 몇 개 포장할 수 있을까요?

06

휘발유 5 L로 61.2 km를 갈 수 있는 자동차가 있습니다.
휘발유 1 L로는 몇 km를 갈 수 있을까요?

개념 마무리 1

나눗셈식을 알맞게 계산하세요.

01

$$\begin{array}{r} 4 \\ 7\overline{)29.4} \\ 28 \\ \hline 1.4 \end{array}$$

묶이 자연수

몫 : 4

나머지 : 1.4

$7\overline{)29.4}$

몫이 소수

몫 : ______

02

$46\overline{)87.4}$

몫이 자연수

몫 : ______

나머지 : ______

$46\overline{)87.4}$

몫이 소수

몫 : ______

03

$16\overline{)60.8}$

몫이 자연수

몫 : ______

나머지 : ______

$16\overline{)60.8}$

몫이 소수

몫 : ______

04

$26\overline{)140.4}$

몫이 자연수

몫 : ______

나머지 : ______

$26\overline{)140.4}$

몫이 소수

몫 : ______

▶ 정답 및 해설 24쪽

개념 마무리 2

물음에 답하세요.

2520

01

식혜 17.2 L를 1팩에 2 L씩 담아서 팔려고 합니다. 식혜를 몇 팩 담을 수 있고, 남는 식혜는 몇 L일까요?

식 $17.2 \div 2 = 8 \cdots 1.2$ 답 8팩에 담고, 1.2 L가 남습니다.

02

캐러멜 94.3 g을 이용해 모양과 크기가 같은 쿠키 23개를 만들려고 합니다. 쿠키 1개에 들어가는 캐러멜은 몇 g일까요?

식 답

03

콩 52.2 kg을 한 집에 3 kg씩 나누어 주려고 합니다. 몇 집에 나누어 줄 수 있고, 남는 콩은 몇 kg일까요?

식 답

04

빨간색 점토 623.7 g을 한 사람당 63 g씩 나누어 주려고 합니다. 몇 사람에게 나누어 줄 수 있고, 남는 빨간색 점토는 몇 g일까요?

식 답

05

넓이가 110.7 cm^2인 평행사변형이 있습니다. 높이가 9 cm라면, 밑변은 몇 cm일까요?

식 답

06

택배상자 1개를 포장하는 데 테이프 4 m가 필요합니다. 55.2 m짜리 테이프로 상자 몇 개를 포장할 수 있고, 남는 테이프는 몇 m일까요?

식 답

6 몫을 어림하기

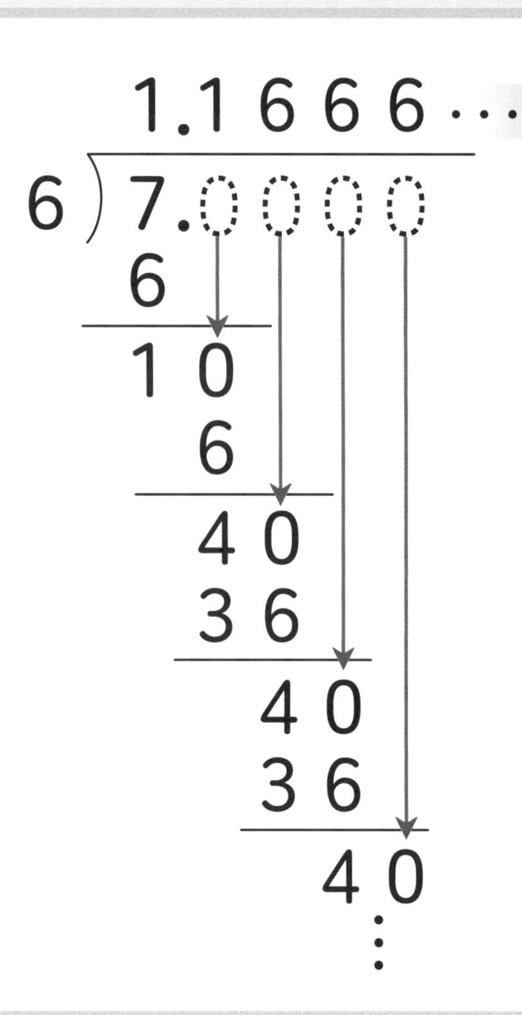

0을 계속계속 내려도
나누어떨어지지 않으면
몫을 어떻게 쓰지?

개념 익히기 1

알맞은 소수의 자릿수에 ○표 하세요.

01

02

소수 다섯째 자리 ➡ 0.396042

03

소수 셋째 자리 ➡ 250.048607

▶ 정답 및 해설 25쪽

몫을 어림해서 쓰자~

올림

0을 제외한 모든 수는 무조건 올려서 나타내는 방법

소수 첫째 자리까지 나타내면?

1.1|666…

소수 첫째 자리의 아래 수를 올림

→ 1.2

버림

무조건 버려서 나타내는 방법

소수 둘째 자리까지 나타내면?

1.16|66…

소수 둘째 자리의 아래 수를 버림

→ 1.16

반올림

0, 1, 2, 3, 4면 버리고, 5, 6, 7, 8, 9면 올려서 나타내는 방법

소수 셋째 자리까지 나타내면?

1.166|6…

소수 넷째 자리에서 반올림

→ 1.167

나타내고 싶은 자리의 아래 수에서 어림을 해야 하는 거구나!

개념 익히기 2

설명에 알맞게 주어진 수를 어림하여 쓰세요.

01

버림하여 백의 자리까지 나타내기

32165

→ 32100

02

올림하여 천의 자리까지 나타내기

74208

→ ______

03

반올림하여 만의 자리까지 나타내기

59064

 ______

개념 다지기 1

소수를 알맞게 어림하여 쓰세요.

01

3.06666 …… —반올림하여 소수 셋째 자리까지 나타낸 수→ 3.067

02

5.98444 …… —버림하여 소수 셋째 자리까지 나타낸 수→

03

1.27170 …… —올림하여 소수 둘째 자리까지 나타낸 수→

04

7.06363 …… —반올림하여 소수 첫째 자리까지 나타낸 수→

05

2.63963 …… —버림하여 소수 둘째 자리까지 나타낸 수→

06

8.35151 …… —올림하여 소수 첫째 자리까지 나타낸 수→

▶ 정답 및 해설 26쪽

개념 다지기 2

설명에 알맞게 몫을 어림하여 쓰세요.

01 몫을 버림하여
소수 둘째 자리까지 나타낸 수

$36 \div 7$

➡ 5.14

02 몫을 올림하여
소수 첫째 자리까지 나타낸 수

$26 \div 6$

➡ ____________

03 몫을 반올림하여
소수 셋째 자리까지 나타낸 수

$15 \div 2.7$

➡ ____________

04 몫을 버림하여
소수 둘째 자리까지 나타낸 수

$74 \div 3$

➡ ____________

05 몫을 올림하여
소수 둘째 자리까지 나타낸 수

$3 \div 11$

➡ ____________

06 몫을 반올림하여
소수 첫째 자리까지 나타낸 수

$19 \div 9$

➡ ____________

개념 마무리 1

계산 결과를 비교하여 ○ 안에 >, <를 알맞게 쓰세요.

01

4.6÷3의 몫을 반올림하여 소수 첫째 자리까지 나타낸 수

4.6÷3

02

7.9÷6의 몫을 올림하여 소수 둘째 자리까지 나타낸 수

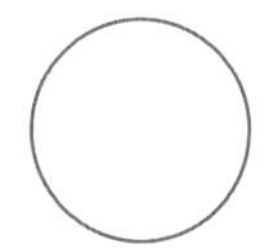

7.9÷6

03

63÷22의 몫을 반올림하여 소수 둘째 자리까지 나타낸 수

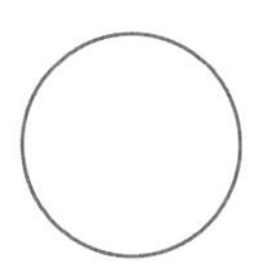

63÷22

04

10÷7의 몫을 반올림하여 소수 첫째 자리까지 나타낸 수

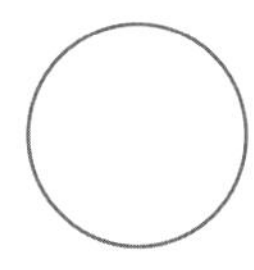

10÷7

05

5.8÷9의 몫을 버림하여 소수 첫째 자리까지 나타낸 수

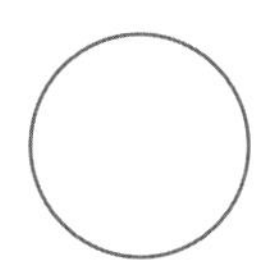

5.8÷9

06

8÷3의 몫을 반올림하여 소수 둘째 자리까지 나타낸 수

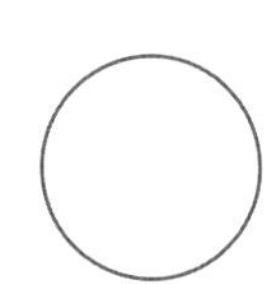

8÷3

▶ 정답 및 해설 27쪽

개념 마무리 2

물음에 답하세요.

01

휘발유 8.3 L로 96 km를 갈 수 있는 자동차가 있습니다. 휘발유 1 L로 갈 수 있는 거리는 몇 km인지 버림하여 소수 둘째 자리까지 나타내세요.

식 $96 \div 8.3 = 11.566 \cdots\cdots$ 답 11.56 km

02

굵기가 일정한 통나무 7 m의 무게를 재어 보니 32 kg이었습니다. 통나무 1 m의 무게는 몇 kg인지 반올림하여 소수 첫째 자리까지 나타내세요.

식 ______ 답 ______ kg

03

페인트 2.7 L로 40.9 m^2의 벽을 칠했습니다. 페인트 1 L로 칠할 수 있는 벽의 넓이는 몇 m^2인지 버림하여 소수 첫째 자리까지 나타내세요.

식 ______ 답 ______ m^2

04

서울에 3시간 동안 18.16 mm의 비가 내렸습니다. 비가 일정하게 내렸다면 한 시간 동안 내린 비는 몇 mm인지 올림하여 소수 둘째 자리까지 나타내세요.

식 ______ 답 ______ mm

05

책상 한 개의 무게는 3.7 kg이고, 의자 한 개의 무게는 1.55 kg입니다. 책상의 무게는 의자의 무게의 몇 배인지 반올림하여 소수 첫째 자리까지 나타내세요.

식 ______ 답 ______ 배

06

윤지네 집에서 학교까지의 거리는 620 m입니다. 윤지가 1분에 51 m를 간다면 집에서 학교까지 가는 데 몇 분이 걸리는지 버림하여 소수 둘째 자리까지 나타내세요.

식 ______ 답 ______ 분

지금까지 소수의 나눗셈에 대해 살펴보았습니다.
얼마나 제대로 이해했는지 확인해 봅시다.

1

자연수의 나눗셈을 이용하여 소수의 나눗셈을 계산하시오.

$$3\overline{)972} = 324 \quad \Rightarrow \quad 3\overline{)9.72} = \square$$

2

필요한 만큼 0을 써서 계산하시오.

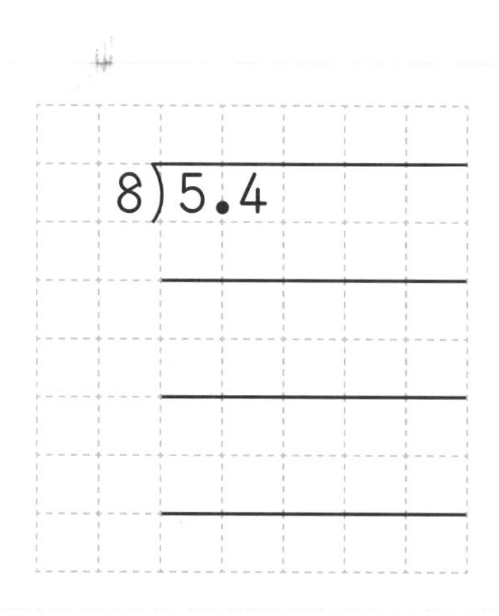

3

다음을 계산하시오.

$$0.12\overline{)33.6}$$

4

다음을 계산한 몫을 올림하여 소수 첫째 자리까지 나타내시오.

48÷9

스스로 평가

맞은 개수 8개	매우 잘했어요.
맞은 개수 6~7개	실수한 문제를 확인하세요.
맞은 개수 5개	틀린 문제를 2번씩 풀어 보세요.
맞은 개수 1~4개	앞부분의 내용을 다시 한번 확인하세요.

▶ 정답 및 해설 28쪽

5

다음 중 몫이 다른 것 하나를 찾아 ×표 하시오.

$650 \div 16$ $0.65 \div 0.16$ $65 \div 1.6$ $6.5 \div 0.16$

6

계산 결과를 비교하여 ◯ 안에 >, <를 알맞게 쓰시오.

$29 \div 47$의 몫을 반올림하여 소수 첫째 자리까지 나타낸 수

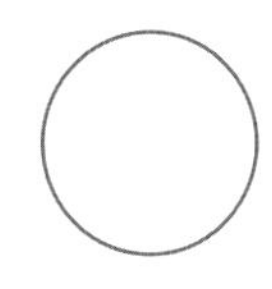

$29 \div 47$

7

넓이가 $103.6\ m^2$인 텃밭을 5명이 똑같이 나누어 가꾸려고 합니다. 한 명이 가꾸어야 할 텃밭은 몇 m^2입니까?

8

쌀 70.8 kg을 한 자루에 6 kg씩 나누어 담으려고 합니다. 몇 자루에 담을 수 있고, 남는 쌀은 몇 kg입니까?

서술형으로 확인

▶ 정답 및 해설 29쪽

1 나누어지는 수와 나누는 수 둘 다 10배, 100배, … 하면 몫이 같습니다. 이 사실을 이용해 $3.08 \div 1.9$와 몫이 같은 나눗셈을 쓰세요. (힌트 98, 99쪽)

2 나눗셈식의 몫이 자연수가 되도록 계산해야 하는 상황을 1가지 쓰세요. (힌트 104쪽)

3 소수를 반올림하여 소수 둘째 자리까지 나타내려고 합니다. 방법을 설명하세요. (힌트 111쪽)

잠깐! 서술형으로 쓰기 어려워? 그럼 앞에서 배운 걸 떠올려 봐! 앞에서 찾아보고 적어도 좋아!

무슨 이야기야?

나무꾼이 나무를 하고 있는데
어디선가 사슴이 와서
도와달라고 합니다.

샘물로 가던
나무꾼은 숲속에서 호랑이를
만나고…

넘어져서 그만…
다리가 부러집니다.

나무꾼은 흥부에게
박씨를 하나 줍니다.

박씨를 마당에 심은 흥부는
하염없이 자라는 박 넝쿨에
놀라게 됩니다.

올라가 보니 한 거인이 쿨쿨~
잠을 자고 있었습니다.

거인의 키가 흥부의 키의 4배라면,
흥부는 거인보다 몇 배나 작은 걸까요?

<정답> 0.25배 (1 ÷ 4 = 0.25)

MEMO

정답 및 해설은 키출판사 홈페이지
(www.keymedia.co.kr)에서도
볼 수 있습니다.

개념이 먼저다

정답 및 해설

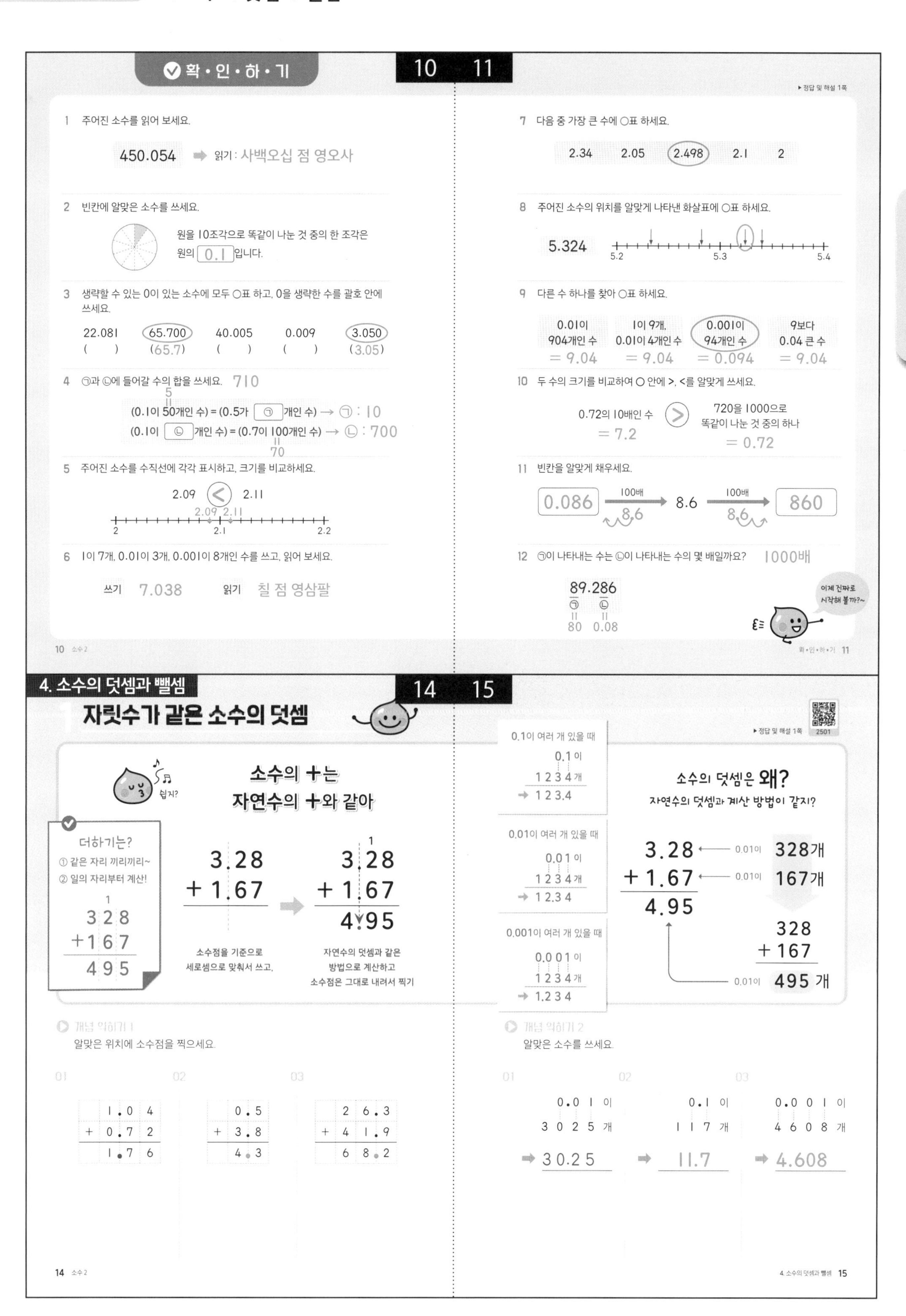

확·인·하·기 10 11

▸정답 및 해설 1쪽

1 주어진 소수를 읽어 보세요.

450.054 ➡ 읽기 : 사백오십 점 영오사

2 빈칸에 알맞은 소수를 쓰세요.

원을 10조각으로 똑같이 나눈 것 중의 한 조각은 원의 0.1 입니다.

3 생략할 수 있는 0이 있는 소수에 모두 ○표 하고, 0을 생략한 수를 괄호 안에 쓰세요.

22.081 ( ) (65.700) (65.7) 40.005 ( ) 0.009 ( ) (3.050) (3.05)

4 ㉠과 ㉡에 들어갈 수의 합을 쓰세요. 710

(0.1이 50개인 수) = (0.5가 ㉠개인 수) → ㉠ : 10

(0.1이 ㉡개인 수) = (0.7이 100개인 수) → ㉡ : 700

5 = 5, 70

5 주어진 소수를 수직선에 각각 표시하고, 크기를 비교하세요.

2.09 < 2.11

2 2.1 2.2

6 1이 7개, 0.01이 3개, 0.001이 8개인 수를 쓰고, 읽어 보세요.

쓰기 7.038 읽기 칠 점 영삼팔

7 다음 중 가장 큰 수에 ○표 하세요.

2.34 2.05 (2.498) 2.1 2

8 주어진 소수의 위치를 알맞게 나타낸 화살표에 ○표 하세요.

5.324

5.2 5.3 5.4

9 다른 수 하나를 찾아 ○표 하세요.

0.01이 904개인 수 = 9.04 | 1이 9개, 0.01이 4개인 수 = 9.04 | (0.001이 94개인 수) = 0.094 | 9보다 0.04 큰 수 = 9.04

10 두 수의 크기를 비교하여 ○ 안에 >, <를 알맞게 쓰세요.

0.72의 10배인 수 = 7.2 > 720을 1000으로 똑같이 나눈 것 중의 하나 = 0.72

11 빈칸을 알맞게 채우세요.

0.086 —100배→ 8.6 —100배→ 860

12 ㉠이 나타내는 수는 ㉡이 나타내는 수의 몇 배일까요? 1000배

89.286 (㉠ = 80, ㉡ = 0.08)

이제 진짜로 시작해 볼까?~

10 소수2 확·인·하·기 11

4. 소수의 덧셈과 뺄셈 14 15

1 자릿수가 같은 소수의 덧셈

▸정답 및 해설 1쪽 2501

소수의 +는 자연수의 +와 같아

쉽지?

더하기는?
① 같은 자리 끼리끼리~
② 일의 자리부터 계산!

328 + 167 = 495

3.28 + 1.67 ➡ 3.28 + 1.67 = 4.95

소수점을 기준으로 세로셈으로 맞춰서 쓰고,

자연수의 덧셈과 같은 방법으로 계산하고 소수점은 그대로 내려서 찍기

0.1이 여러 개 있을 때: 0.1이 1234개 → 123.4

0.01이 여러 개 있을 때: 0.01이 1234개 → 12.34

0.001이 여러 개 있을 때: 0.001이 1234개 → 1.234

소수의 덧셈은 왜? 자연수의 덧셈과 계산 방법이 같지?

3.28 ← 0.01이 328개
+ 1.67 ← 0.01이 167개
4.95

328 + 167 = 495 ← 0.01이 495개

개념 익히기 1
알맞은 위치에 소수점을 찍으세요.

01 1.04 + 0.72 = 1.76

02 0.5 + 3.8 = 4.3

03 26.3 + 41.9 = 68.2

개념 익히기 2
알맞은 소수를 쓰세요.

01 0.01이 3025개 ➡ 30.25

02 0.1이 117개 ➡ 11.7

03 0.001이 4608개 ➡ 4.608

14 소수2 4. 소수의 덧셈과 뺄셈 15

정답 및 해설

16 17

▸정답 및 해설 2쪽

개념 다지기 1

빈칸을 알맞게 채우세요.

01

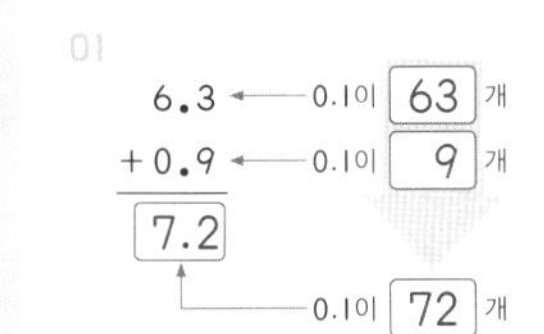

6.3 ← 0.1이 63 개
+0.9 ← 0.1이 9 개
7.2 ← 0.1이 72 개

02

0.2 ← 0.1이 2 개
+0.4 ← 0.1이 4 개
0.6 ← 0.1이 6 개

03

8.4 ← 0.1이 84 개
+6.8 ← 0.1이 68 개
15.2 ← 0.1이 152 개

04

0.25 ← 0.01이 25 개
+2.71 ← 0.01이 271 개
2.96 ← 0.01이 296 개

05

7.96 ← 0.01이 796 개
+5.53 ← 0.01이 553 개
13.49 ← 0.01이 1349 개

06

3.109 ← 0.001이 3109 개
+4.867 ← 0.001이 4867 개
7.976 ← 0.001이 7976 개

개념 다지기 2

계산해 보세요.

01

$$3.4 + 2.7 = 6.1$$

02

$$5.28 + 9.65 = 14.93$$

03 6.1 + 4.9 = 11

$$6.1 + 4.9 = 11.0$$

04 0.53 + 3.72 = 4.25

$$0.53 + 3.72 = 4.25$$

05 14.6 + 8.3 = 22.9

$$14.6 + 8.3 = 22.9$$

06 1.804 + 7.491 = 9.295

$$1.804 + 7.491 = 9.295$$

18 19

▸정답 및 해설 2쪽

개념 마무리 1

빈칸을 알맞게 채우세요.

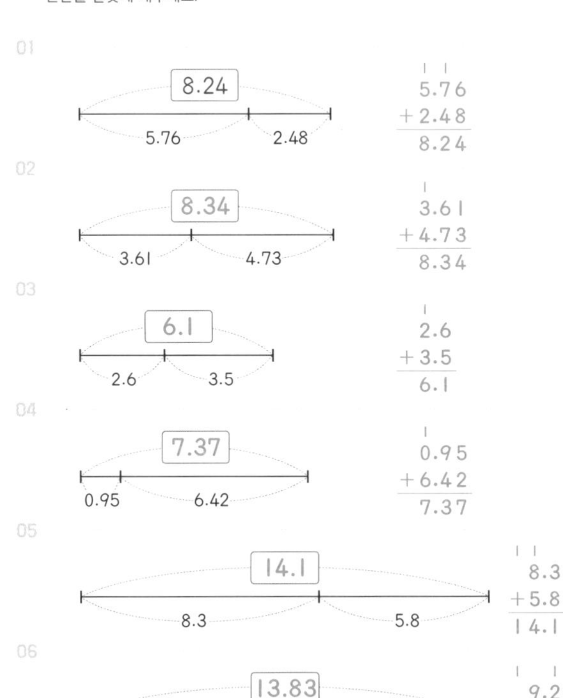

01 $5.76 + 2.48 = 8.24$

02 $3.61 + 4.73 = 8.34$

03 $2.6 + 3.5 = 6.1$

04 $0.95 + 6.42 = 7.37$

05 $8.3 + 5.8 = 14.1$

06 $9.29 + 4.54 = 13.83$

개념 마무리 2

물음에 답하세요.

01 작년 1월 1일에 잰 민서의 키는 1.39 m였습니다. 1년 동안 0.06 m 자랐다면, 올해 1월 1일에 잰 민서의 키는 몇 m일까요?

$1.39 + 0.06 = 1.45$

식 1.39 + 0.06 = 1.45 답 1.45 m

02 기영이는 물을 오전에 0.7 L 마셨고, 오후에 1.4 L 마셨습니다. 기영이가 오늘 마신 물은 모두 몇 L일까요?

$0.7 + 1.4 = 2.1$

식 0.7+1.4=2.1 답 2.1 L

03 해준이는 매일 달리기를 합니다. 어제는 6.05 km를 달렸고, 오늘은 어제보다 2.27 km를 더 달렸습니다. 해준이가 오늘 달린 거리는 몇 km일까요?

$6.05 + 2.27 = 8.32$

식 6.05+2.27=8.32 답 8.32 km

04 은주는 길이가 14.84 m인 빨간색 끈과 7.12 m인 파란색 끈을 겹치지 않게 이어서 긴 끈을 만들었습니다. 은주가 만든 긴 끈의 길이는 몇 m일까요?

$14.84 + 7.12 = 21.96$

식 14.84+7.12=21.96 답 21.96 m

05 무게가 3.3 kg인 이동장 안에 몸무게가 10.9 kg인 강아지가 들어 있습니다. 강아지가 들어 있는 이동장의 무게는 몇 kg일까요?

$3.3 + 10.9 = 14.2$

식 3.3+10.9=14.2 답 14.2 kg

06 도빈이네 집에서 학교까지의 거리는 1.08 km이고, 학교에서 도서관까지의 거리는 4.62 km입니다. 도빈이네 집에서 학교를 거쳐 도서관까지 가는 거리는 몇 km일까요?

$1.08 + 4.62 = 5.70$

식 1.08+4.62=5.7 답 5.7 km

20 21

2 자릿수가 같은 소수의 뺄셈

소수의 −도
자연수의 −와 같아

빼기는?
① 같은 자리 끼리끼리~
② 일의 자리부터 계산!

$$\begin{array}{r} \overset{2\ 10}{\cancel{3}}28 \\ -\ 167 \\ \hline 161 \end{array}$$

$$\begin{array}{r} 1.28 \\ -\ 0.67 \\ \hline \end{array} \rightarrow \begin{array}{r} \overset{0\ 10}{\cancel{1}}.28 \\ -\ 0.67 \\ \hline 0.61 \end{array}$$

소수점을 기준으로 세로셈으로 맞춰서 쓰고,

자연수의 뺄셈과 같은 방법으로 계산하고 소수점은 그대로 내려서 찍기

▶ 정답 및 해설 3쪽

그림으로 다시 볼까?

1.28 − 0.67

1.28 0.67

(0.01이 128개) − (0.01이 67개) = (0.01이 61개)

$$\begin{array}{r} \overset{0\ 10}{\cancel{1}}28 \\ -\ 67 \\ \hline 61 \end{array}$$

소수의 +, −는
0.1이 몇 개인지
0.01이 몇 개인지
0.001이 몇 개인지
} 자연수로 바꿔서 생각하기!

$$\begin{array}{r} 1.28 \\ -\ 0.67 \\ \hline 0.61 \end{array}$$

개념 익히기 1

빈칸을 알맞게 채우세요.

01 (0.01이 529개) − (0.01이 84개) = (0.01이 445개)
5.29 − 0.84 = 4.45

02 (0.1이 93개) − (0.1이 42개) = (0.1이 51개)
9.3 − 4.2 = 5.1

03 (0.01이 605개) − (0.01이 276개) = (0.01이 329개)
6.05 − 2.76 = 3.29

개념 익히기 2

계산해 보세요.

01
$$\begin{array}{r} \overset{8\ 10}{\cancel{9}}.1 \\ -\ 4.8 \\ \hline 4.3 \end{array}$$

02
$$\begin{array}{r} \overset{6\ 10}{\cancel{7}}.2 \\ -\ 3.7 \\ \hline 3.5 \end{array}$$

03
$$\begin{array}{r} \overset{4\ 12\ 10}{\cancel{5}.\cancel{3}4} \\ -\ 1.65 \\ \hline 3.69 \end{array}$$

22 23

개념 다지기 1

차가 가운데 수가 되는 두 수를 찾아 ○표 하세요.

01
$$\begin{array}{r} \overset{0\ 10}{\cancel{1}}.38 \\ -0.78 \\ \hline 0.6\cancel{0} \end{array}$$

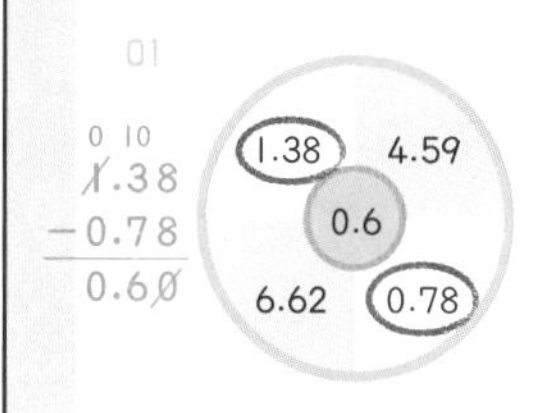

02
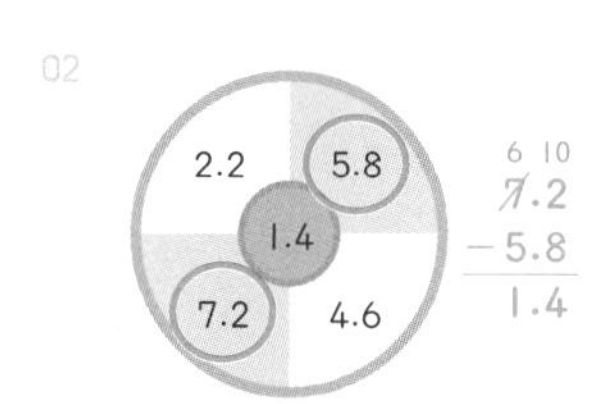

$$\begin{array}{r} \overset{6\ 10}{\cancel{7}}.2 \\ -5.8 \\ \hline 1.4 \end{array}$$

03
$$\begin{array}{r} \overset{7\ 10}{6.\cancel{8}1} \\ -3.76 \\ \hline 3.05 \end{array}$$

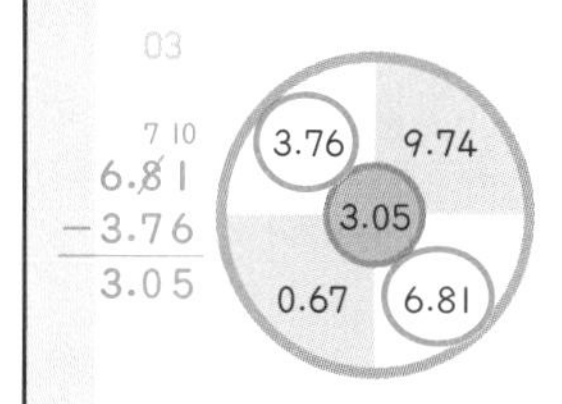

04
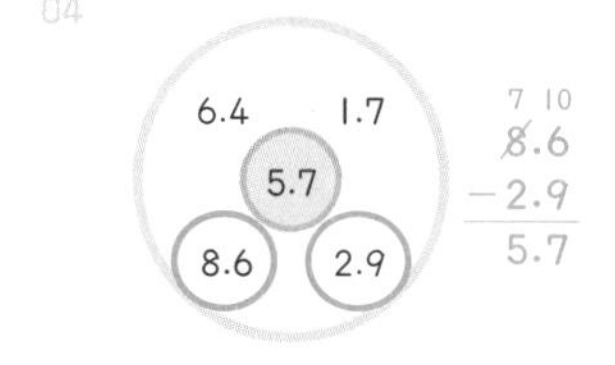

$$\begin{array}{r} \overset{7\ 10}{\cancel{8}}.6 \\ -2.9 \\ \hline 5.7 \end{array}$$

05
$$\begin{array}{r} \overset{0\ \overset{9}{10}\ 10}{\cancel{1}\cancel{0}.74} \\ -\ 7.94 \\ \hline 2.8\cancel{0} \end{array}$$

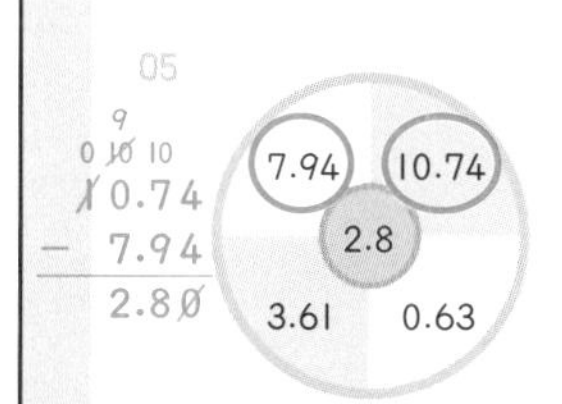

06
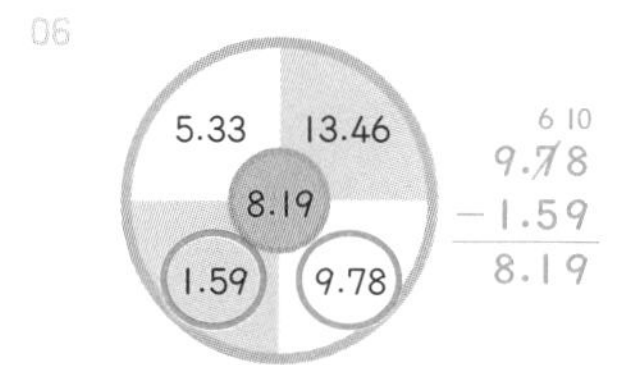

$$\begin{array}{r} \overset{6\ 10}{9.\cancel{7}8} \\ -1.59 \\ \hline 8.19 \end{array}$$

▶ 정답 및 해설 3쪽

개념 다지기 2

빈칸을 알맞게 채우세요.

01
$$\begin{array}{r} \overset{2\ 13\ 10}{\boxed{\cancel{3}}.\cancel{4}\boxed{2}} \\ -\ 1.\boxed{5}8 \\ \hline 1.84 \end{array}$$

02
$$\begin{array}{r} \overset{1}{\boxed{5}}.9 \\ +\ 2.\boxed{3} \\ \hline 8.2 \end{array}$$

03
$$\begin{array}{r} \overset{7\ 10}{\cancel{8}.\boxed{1}} \\ -\boxed{4}.7 \\ \hline 3.4 \end{array}$$

04
$$\begin{array}{r} \overset{1\ \ 1}{\boxed{0}.94} \\ +\ 3.0\boxed{8} \\ \hline 4.\boxed{0}2 \end{array}$$

05
$$\begin{array}{r} \overset{6\ 11\ 10}{\cancel{7}.\boxed{2}6} \\ -\boxed{4}.59 \\ \hline 2.6\boxed{7} \end{array}$$

06
$$\begin{array}{r} \overset{1\ \ \ 1}{\boxed{1}\boxed{1}.2\boxed{5}} \\ +\ 9.\boxed{6}5 \\ \hline 20.9\cancel{0} \end{array}$$

24 25

▶ 정답 및 해설 4쪽

개념 마무리 1

계산 결과를 비교하여 ○ 안에 >, =, <를 알맞게 쓰세요.

01 6.42 − 0.83 = 5.59 (=) 2.44 + 3.15 = 5.59

02 3.5 + 1.6 = 5.1 (>) 9.3 − 5.3 = 4

03 12.4 − 4.8 = 7.6 (<) 1.29 + 7.68 = 8.97

04 11.31 − 2.06 = 9.25 (>) 0.7 + 8.5 = 9.2

05 4.43 + 0.79 = 5.22 (>) 8.05 − 3.17 = 4.88

06 9.802 − 1.254 = 8.548 (>) 6.091 + 2.316 = 8.407

개념 마무리 2

물음에 답하세요.

01 우유가 1.25 L 있었는데, 민우가 마신 후 0.87 L가 남았습니다. 민우가 마신 우유는 몇 L일까요?

식 1.25 − 0.87 = 0.38 답 0.38 L

02 승현이의 멀리뛰기 기록은 1.64 m이고, 도영이의 멀리뛰기 기록은 1.18 m입니다. 승현이는 도영이보다 몇 m 더 멀리 뛰었을까요?

식 1.64−1.18=0.46 답 0.46 m

03 마트에서 7.5 L짜리 식용유를 구입했습니다. 요리하는 데 2.5 L를 사용했다면 남은 식용유는 몇 L일까요?

식 7.5−2.5=5 답 5 L

04 용수철에 추를 한 개 매달았더니 길이가 3.2 cm 늘어나서 20.1 cm가 되었습니다. 추를 매달기 전 용수철의 길이는 몇 cm일까요?

식 20.1−3.2=16.9 답 16.9 cm

05 쌀이 들어있는 쌀통의 무게가 9.26 kg입니다. 쌀의 무게가 4.89 kg일 때, 빈 쌀통의 무게는 몇 kg일까요?

식 9.26−4.89=4.37 답 4.37 kg

06 윤미가 집에서 11.37 km 떨어진 할머니 댁까지 갑니다. 버스를 타고 8.47 km 가고 나머지는 걸어갔다면, 윤미가 걸어간 거리는 몇 km일까요?

식 11.37−8.47=2.9 답 2.9 km

26 27

자릿수가 다른 소수의 덧셈과 뺄셈

▶ 정답 및 해설 4쪽

자릿수가 다른 소수의 +, −

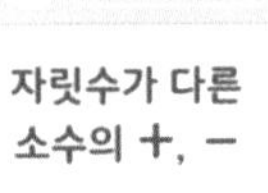

1단계 소수점의 위치를 맞춰서 세로셈으로 쓰기

0.42 + 21.7 13.2 − 9.86

2단계 자리가 비는 곳은 0으로 생각하고 계산 (소수점 끝에 생략됐던 0인 거야~)

소수를 0.1 / 0.01 / 0.001 의 개수로 생각해 보자~!

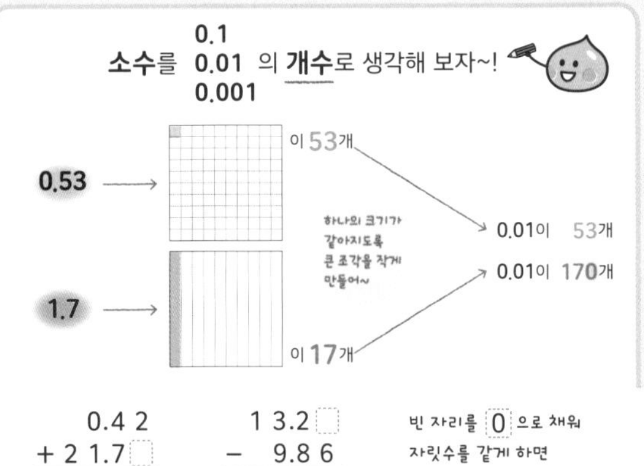

0.53 → 0.01이 53개
이 53개

1.7 → 0.01이 170개
이 17개

```
   0.4 2
+ 2 1.7
  2 2.1 2
```

```
  1 3.2
−  9.8 6
   3.3 4
```


빈 자리를 0으로 채워 자릿수를 같게 하면 같은 자리끼리 계산하기 쉬워!

개념 익히기 1

소수의 덧셈식, 뺄셈식을 세로셈으로 바르게 쓴 것에 ○표 하세요.

01 2.02 + 15.1 02 7.89 − 5.6 03 14.2 + 6.34

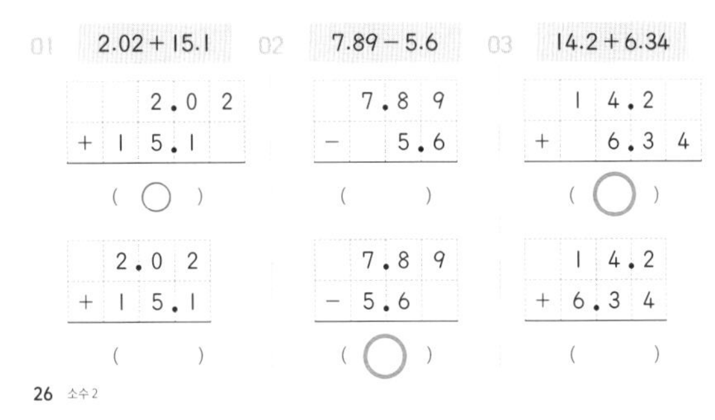

개념 익히기 2

주어진 식을 소수점의 위치를 맞추어 세로셈으로 쓰세요.

01 12.43 + 8.7 02 7.01 + 3.6 03 19.2 − 4.05

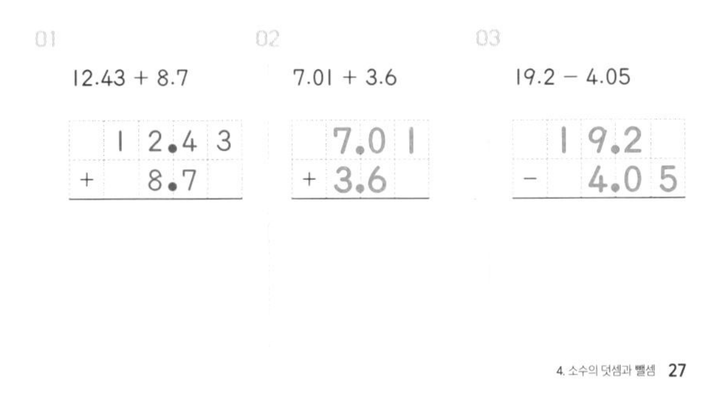

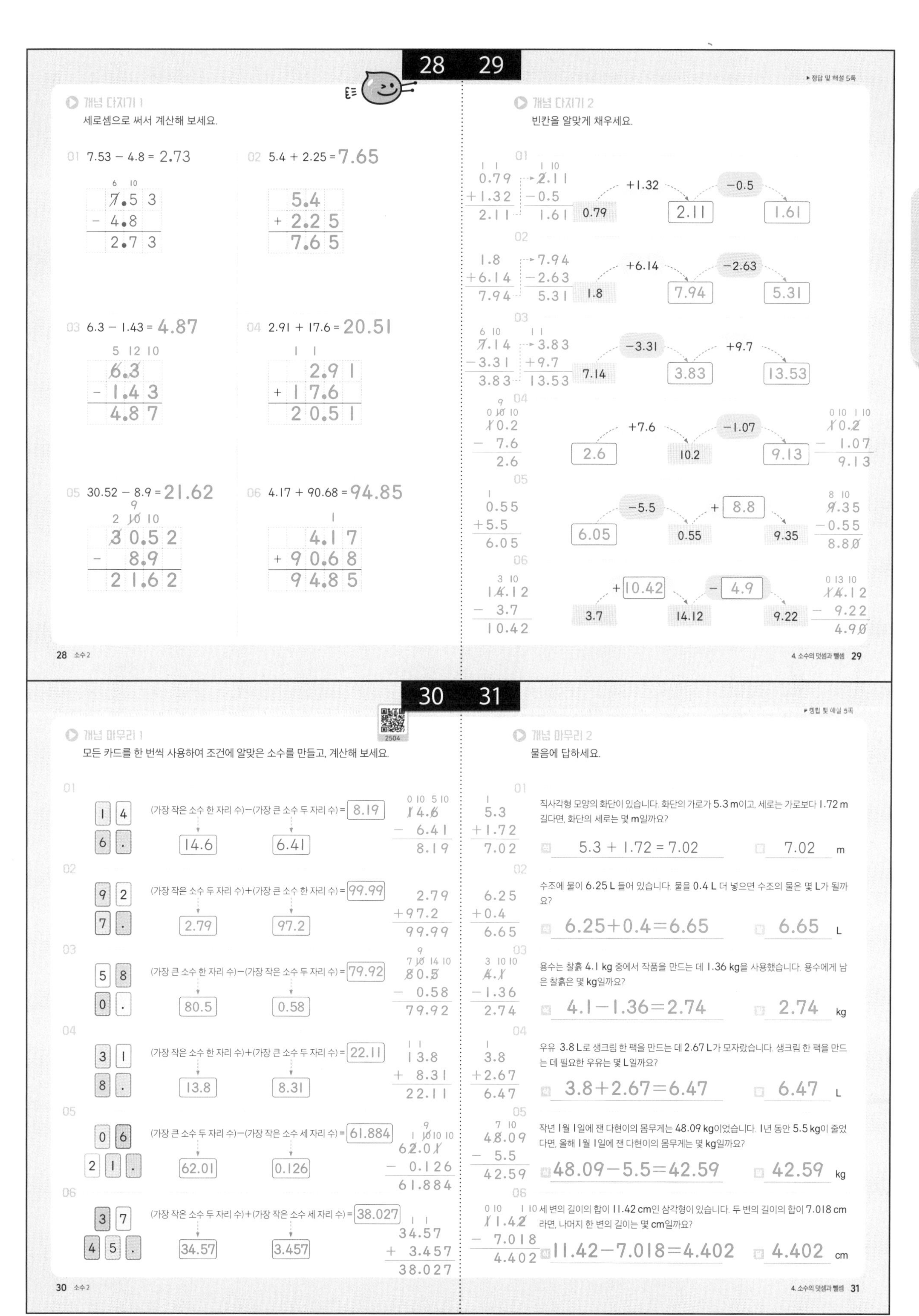
28 29

▸ 정답 및 해설 5쪽

개념 다지기 1

세로셈으로 써서 계산해 보세요.

01 7.53 − 4.8 = 2.73

02 5.4 + 2.25 = 7.65

03 6.3 − 1.43 = 4.87

04 2.91 + 17.6 = 20.51

05 30.52 − 8.9 = 21.62

06 4.17 + 90.68 = 94.85

개념 다지기 2

빈칸을 알맞게 채우세요.

01 0.79 → +1.32 → 2.11 → −0.5 → 1.61

02 1.8 → +6.14 → 7.94 → −2.63 → 5.31

03 7.14 → −3.31 → 3.83 → +9.7 → 13.53

04 2.6 → +7.6 → 10.2 → −1.07 → 9.13

05 6.05 → −5.5 → 0.55 → +8.8 → 9.35

06 3.7 → +10.42 → 14.12 → −4.9 → 9.22

28 소수2

4. 소수의 덧셈과 뺄셈 29

30 31

개념 마무리 1

모든 카드를 한 번씩 사용하여 조건에 알맞은 소수를 만들고, 계산해 보세요.

01 (가장 작은 소수 한 자리 수)−(가장 큰 소수 두 자리 수) = 8.19; 14.6, 6.41

02 (가장 작은 소수 두 자리 수)+(가장 큰 소수 한 자리 수) = 99.99; 2.79, 97.2

03 (가장 큰 소수 한 자리 수)−(가장 작은 소수 두 자리 수) = 79.92; 80.5, 0.58

04 (가장 작은 소수 한 자리 수)+(가장 큰 소수 두 자리 수) = 22.11; 13.8, 8.31

05 (가장 큰 소수 두 자리 수)−(가장 작은 소수 세 자리 수) = 61.884; 62.01, 0.126

06 (가장 작은 소수 두 자리 수)+(가장 작은 소수 세 자리 수) = 38.027; 34.57, 3.457

개념 마무리 2

물음에 답하세요.

01 직사각형 모양의 화단이 있습니다. 화단의 가로가 5.3 m이고, 세로는 가로보다 1.72 m 길다면, 화단의 세로는 몇 m일까요?

식 5.3 + 1.72 = 7.02 답 7.02 m

02 수조에 물이 6.25 L 들어 있습니다. 물을 0.4 L 더 넣으면 수조의 물은 몇 L가 될까요?

식 6.25+0.4=6.65 답 6.65 L

03 용수는 찰흙 4.1 kg 중에서 작품을 만드는 데 1.36 kg을 사용했습니다. 용수에게 남은 찰흙은 몇 kg일까요?

식 4.1−1.36=2.74 답 2.74 kg

04 우유 3.8 L로 생크림 한 팩을 만드는 데 2.67 L가 모자랐습니다. 생크림 한 팩을 만드는 데 필요한 우유는 몇 L일까요?

식 3.8+2.67=6.47 답 6.47 L

05 작년 1월 1일에 잰 다현이의 몸무게는 48.09 kg이었습니다. 1년 동안 5.5 kg이 줄었다면, 올해 1월 1일에 잰 다현이의 몸무게는 몇 kg일까요?

식 48.09−5.5=42.59 답 42.59 kg

06 세 변의 길이의 합이 11.42 cm인 삼각형이 있습니다. 두 변의 길이의 합이 7.018 cm라면, 나머지 한 변의 길이는 몇 cm일까요?

식 11.42−7.018=4.402 답 4.402 cm

30 소수2

4. 소수의 덧셈과 뺄셈 31

정답 및 해설

지금까지 소수의 덧셈과 뺄셈에 대해 살펴보았습니다.
얼마나 제대로 이해했는지 확인해 봅시다.

✓ 단원 마무리

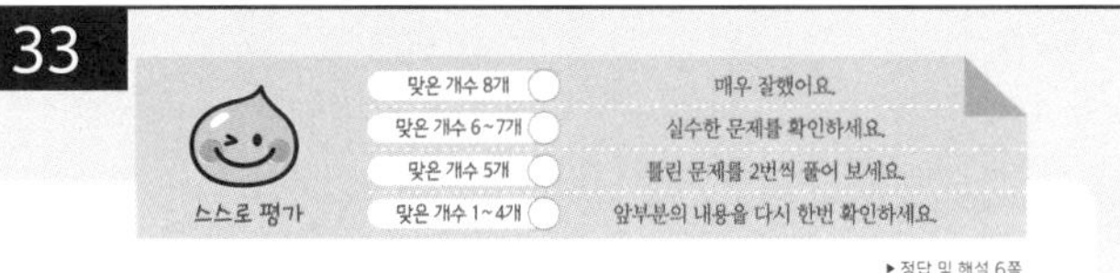

1 빈칸을 알맞게 채우시오.

1.9 ← 0.1이 19 개
+ 0.6 ← 0.1이 6 개
2.5 ← 0.1이 25 개

2 다음을 계산하시오.

$$
\begin{array}{r}
5\ 10 \\
6.5 \\
- 2.7 \\
\hline
3.8
\end{array}
$$

3 주어진 식을 세로셈으로 써서 계산하시오.

9.4 + 12.3 ➡

$$
\begin{array}{r}
1 \\
9.4 \\
+ 12.3 \\
\hline
21.7
\end{array}
$$

4 빈칸을 알맞게 채우시오.

$$
\begin{array}{r}
4\ 10 \\
5.71 \\
- 4.8 \\
\hline
0.91
\end{array}
$$

5.71 — −4.8 → 0.91 — +6.2 → 7.11

$$
\begin{array}{r}
1 \\
0.91 \\
+ 6.2 \\
\hline
7.11
\end{array}
$$

스스로 평가

맞은 개수 8개	매우 잘했어요.
맞은 개수 6~7개	실수한 문제를 확인하세요.
맞은 개수 5개	틀린 문제를 2번씩 풀어 보세요.
맞은 개수 1~4개	앞부분의 내용을 다시 한번 확인하세요.

▶ 정답 및 해설 6쪽

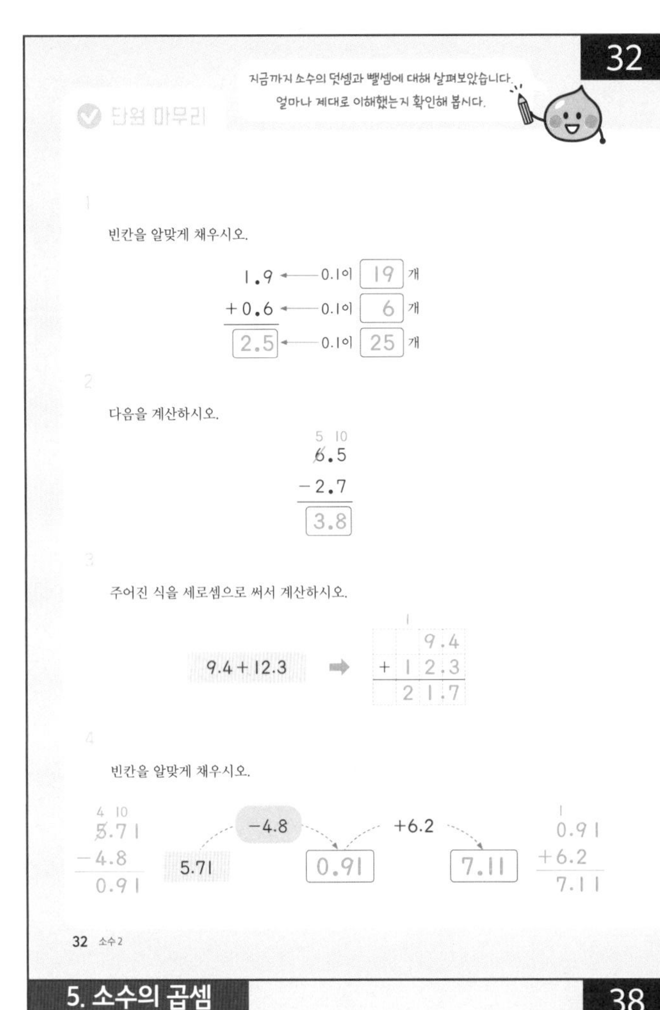

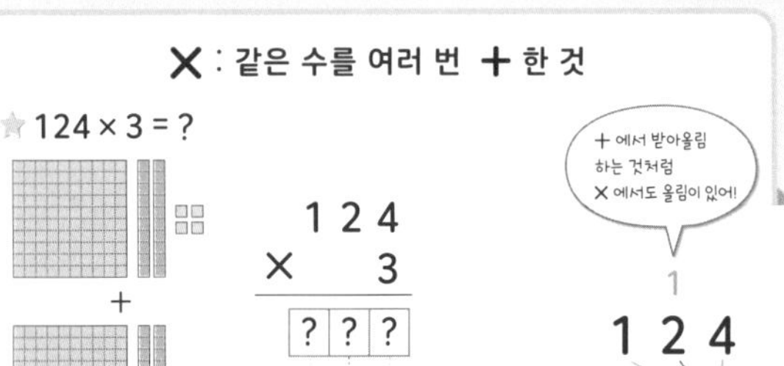

5 빈칸을 알맞게 채우시오.

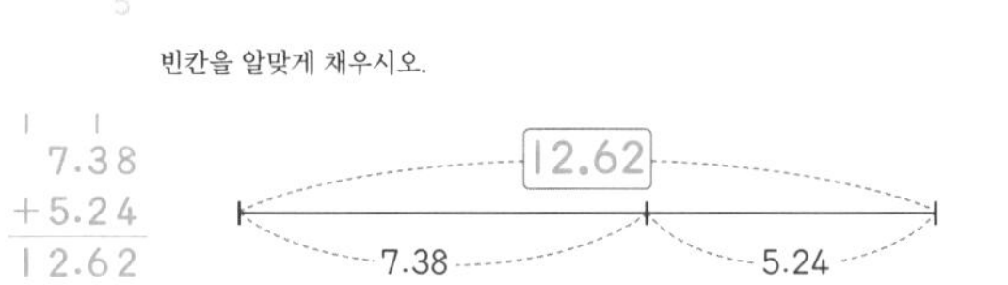

$$
\begin{array}{r}
7.38 \\
+ 5.24 \\
\hline
12.62
\end{array}
$$

12.62
7.38 5.24

6 계산 결과를 비교하여 ○ 안에 >, <를 알맞게 쓰시오.

$$
\begin{array}{r}
1\ 1 \\
3.97 \\
+ 4.16 \\
\hline
8.13
\end{array}
$$

3.97 + 4.16 ⟩ 8.02 − 0.85

= 8.13 = 7.17

$$
\begin{array}{r}
9 \\
7\ 10\ 10 \\
8.02 \\
- 0.85 \\
\hline
7.17
\end{array}
$$

7 모든 카드를 한 번씩 사용하여 가장 큰 소수 두 자리 수와 가장 작은 소수 한 자리 수를 만들고, 두 소수의 합을 구하시오.

7 8 . 6

$$
\begin{array}{r}
1\ 1 \\
8.76 \\
+ 67.8 \\
\hline
76.56
\end{array}
$$

가장 큰 소수 두 자리 수 : 8.76
가장 작은 소수 한 자리 수 : 67.8
➡ 합 : 76.56

8 영진이의 공 던지기 기록은 12.1 m이고, 지은이의 공 던지기 기록은 10.43 m 입니다. 영진이는 지은이보다 몇 m 더 멀리 던졌습니까? 1.67 m

$$
\begin{array}{r}
1\ 10\ 10 \\
12.1\!\!\!\diagup \\
- 10.43 \\
\hline
1.67
\end{array}
$$

※34쪽 〈서술형으로 확인〉의 답은 정답 및 해설 29쪽에서 확인하세요.

5. 소수의 곱셈

자연수의 곱셈

▶ 정답 및 해설 6쪽
2505

✕ : 같은 수를 여러 번 ＋ 한 것

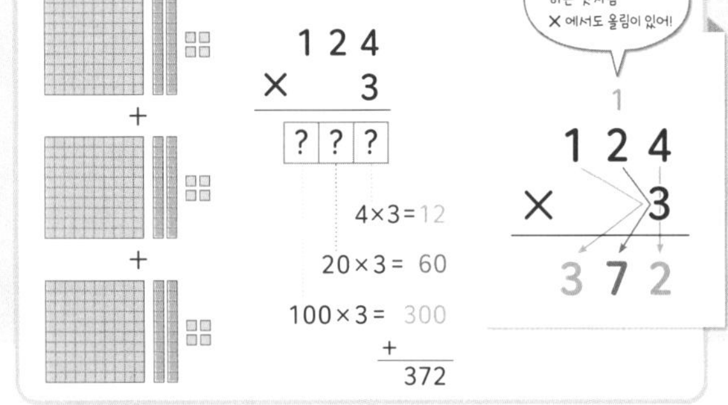

★ 124 × 3 = ?

＋에서 받아올림 하는 것처럼 ✕에서도 올림이 있어!

$$
\begin{array}{r}
1\ 2\ 4 \\
\times\ \ \ 3 \\
\hline
?\ ?\ ? \\
\end{array}
$$

4 × 3 = 12
20 × 3 = 60
100 × 3 = 300
＋
372

$$
\begin{array}{r}
1 \\
1\ 2\ 4 \\
\times\ \ \ 3 \\
\hline
3\ 7\ 2
\end{array}
$$

▶ 개념 익히기 1
계산해 보세요

01
$$
\begin{array}{r}
1 \\
5\ 8\ 4 \\
\times\ \ \ 2 \\
\hline
1\ 1\ 6\ 8
\end{array}
$$

02
$$
\begin{array}{r}
2 \\
1\ 4 \\
\times\ \ 7 \\
\hline
9\ 8
\end{array}
$$

03
$$
\begin{array}{r}
5 \\
3\ 0\ 6 \\
\times\ \ \ 9 \\
\hline
2\ 7\ 5\ 4
\end{array}
$$

큰 수를 곱할 때도, ✕는 ＋를 여러 번!

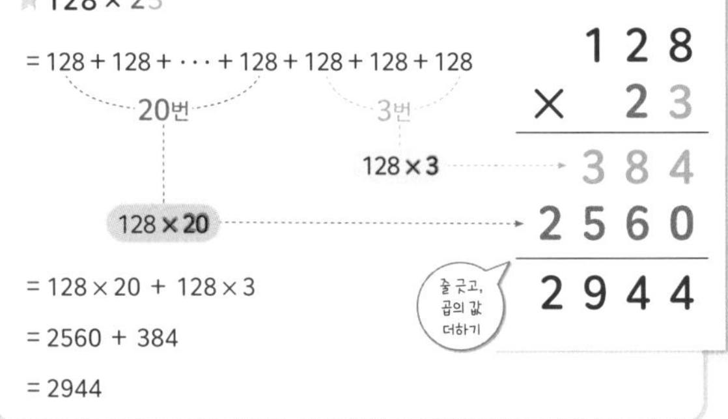

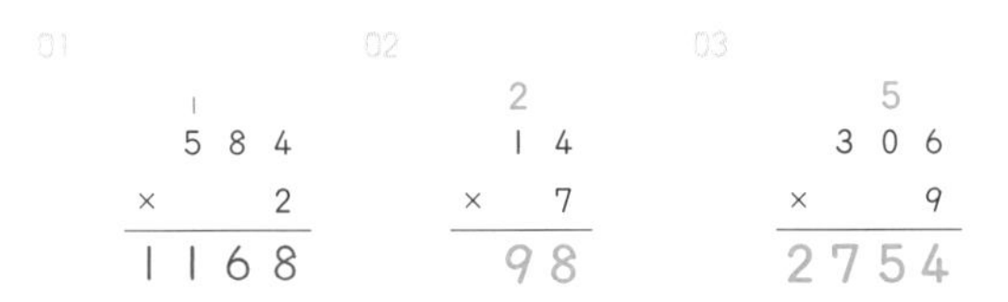

★ 128 × 23

= 128 + 128 + ··· + 128 + 128 + 128 + 128

20번 3번

128 × 3
128 × 20

= 128 × 20 + 128 × 3
= 2560 + 384
= 2944

$$
\begin{array}{r}
1\ 2\ 8 \\
\times\ \ \ 2\ 3 \\
\hline
3\ 8\ 4 \\
2\ 5\ 6\ 0 \\
\hline
2\ 9\ 4\ 4
\end{array}
$$

줄 긋고, 곱의 값 더하기

▶ 개념 익히기 2
계산해 보세요

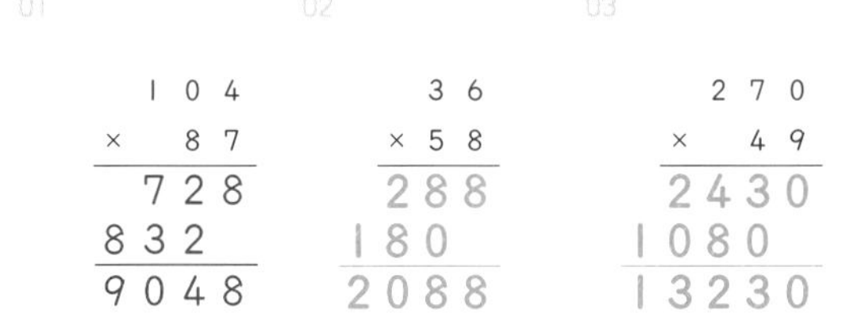

01
$$
\begin{array}{r}
1\ 0\ 4 \\
\times\ \ \ 8\ 7 \\
\hline
7\ 2\ 8 \\
8\ 3\ 2 \\
\hline
9\ 0\ 4\ 8
\end{array}
$$

02
$$
\begin{array}{r}
3\ 6 \\
\times\ \ 5\ 8 \\
\hline
2\ 8\ 8 \\
1\ 8\ 0 \\
\hline
2\ 0\ 8\ 8
\end{array}
$$

03
$$
\begin{array}{r}
2\ 7\ 0 \\
\times\ \ \ 4\ 9 \\
\hline
2\ 4\ 3\ 0 \\
1\ 0\ 8\ 0 \\
\hline
1\ 3\ 2\ 3\ 0
\end{array}
$$

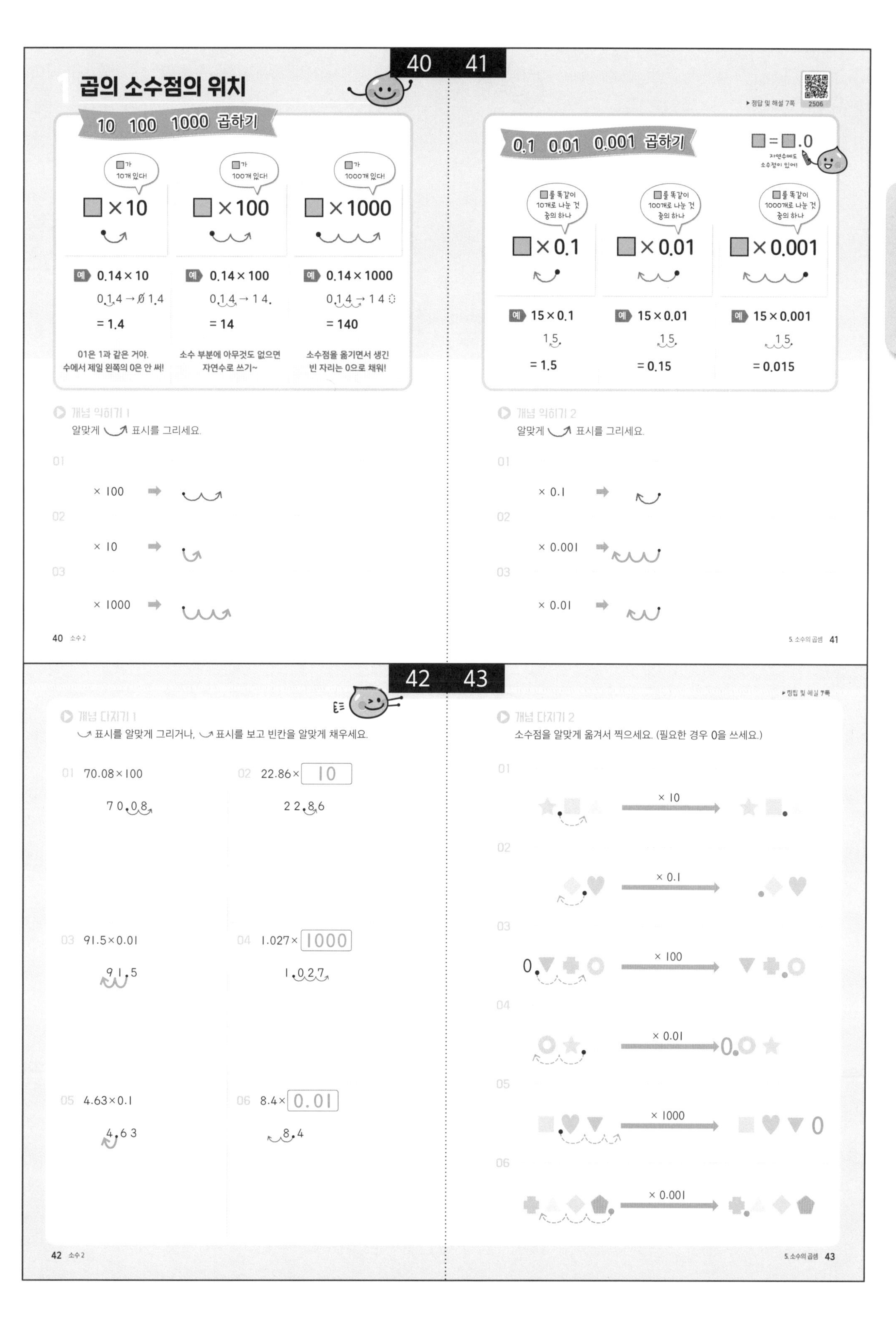

40 41
1 곱의 소수점의 위치
10 100 1000 곱하기
0.14×10
0.14×100
0.14×1000
01은 1과 같은 거야. 수에서 제일 왼쪽의 0은 안 써!
소수 부분에 아무것도 없으면 자연수로 쓰기~
소수점을 옮기면서 생긴 빈 자리는 0으로 채워!
0.1 0.01 0.001 곱하기
15×0.1
= 1.5
15×0.01
= 0.15
15×0.001
= 0.015
개념 익히기 1
알맞게 표시를 그리세요.
개념 익히기 2
42 43
개념 다지기 1
표시를 알맞게 그리거나, 표시를 보고 빈칸을 알맞게 채우세요.
70.08×100
22.86×10
91.5×0.01
1.027×1000
4.63×0.1
8.4×0.01
개념 다지기 2
소수점을 알맞게 옮겨서 찍으세요. (필요한 경우 0을 쓰세요.)

44 45

▸정답 및 해설 8쪽

개념 마무리 1

빈칸을 알맞게 채우세요.

01 60.35 × 0.1 = 6.035

02 3.409 × 100 = 340.9

03 2.6 × 1000 = 2600

04 158 × 0.001 = 0.158

05 440 × 0.01 = 4.4

06 92.7 × 0.001 = 0.0927

개념 마무리 2

다른 수 하나를 찾아 ×표 하세요.

01 53×0.01 = 0.53 / 0.053×10 = 0.53 / 530×0.1 = 53 (×) / 5.3×0.1 = 0.53

02 160×0.1 = 16 / 1.6×10 = 16 / 0.16×100 = 16 / 1600×0.001 = 1.6 (×)

03 6.4×100 = 640 (×) / 640×0.01 = 6.4 / 0.64×10 = 6.4 / 6400×0.001 = 6.4

04 950×0.001 = 0.95 / 0.095×10 = 0.95 / 9.5×0.1 = 0.95 / 0.95×1000 = 950 (×)

05 4.72×1000 = 4720 / 47200×0.1 = 4720 / 472×0.01 = 4.72 (×) / 47.2×100 = 4720

06 78×0.1 = 7.8 / 7.8×10 = 78 (×) / 780×0.01 = 7.8 / 0.078×100 = 7.8

44 소수2 / 5. 소수의 곱셈 45

46 47

(소수)×(자연수) ①

▸정답 및 해설 8쪽 2507

★ 0.3 × 4 는? (곱하기는 더하기를 여러번 한 것!)

0.3 + 0.3 + 0.3 + 0.3 = 1.2

0.1이 3개 가 4번 ---- 0.1×3 × 4

= 0.1이 3개씩 4번 ---- 0.1 × 3 × 4

= 0.1이 12개 ---- 0.1 × 12

= 1.2

곱셈의 중요한 성질

❶ □×△=△×□

❷ □×△×☆ = □×△×☆

복잡한 수라도,

★ (소수 한 자리 수)×(자연수)는? (0.1이 몇 개인지 생각하기!)

13.9 × 5

= 13.9 + 13.9 + 13.9 + 13.9 + 13.9

0.1이 139개 가 5번

= 0.1 × 139 × 5 (실제로 하는 계산은 자연수의 곱셈!)

= 0.1 × 695

= 69.5

세로셈으로 계산하기

13.9 × 5 = 69.5 (소수점이 없다~ 생각하고 곱하고 → 결과가 소수 한 자리 수가 되도록 소수점 찍기)

개념 익히기 1

곱셈식은 덧셈식으로, 덧셈식은 곱셈식으로 바꿔 쓰세요.

01 5.7 × 6 ➡ 5.7 + 5.7 + 5.7 + 5.7 + 5.7 + 5.7

02 2.9 × 5 ➡ 2.9 + 2.9 + 2.9 + 2.9 + 2.9

03 3.8 + 3.8 + 3.8 + 3.8 + 3.8 + 3.8 + 3.8 ➡ 3.8 × 7

개념 익히기 2

주어진 곱셈을 하기 위해 필요한 자연수의 곱셈식에 ○표 하세요.

01 10.5 × 4 ➡ 15 × 4 / 105 × 4 (○) / 150 × 4

02 69.2 × 3 ➡ 692 × 3 (○) / 69 × 23 / 693 × 2

03 204.7 × 8 ➡ 247 × 8 / 204 × 78 / 2047 × 8 (○)

46 소수2 / 5. 소수의 곱셈 47

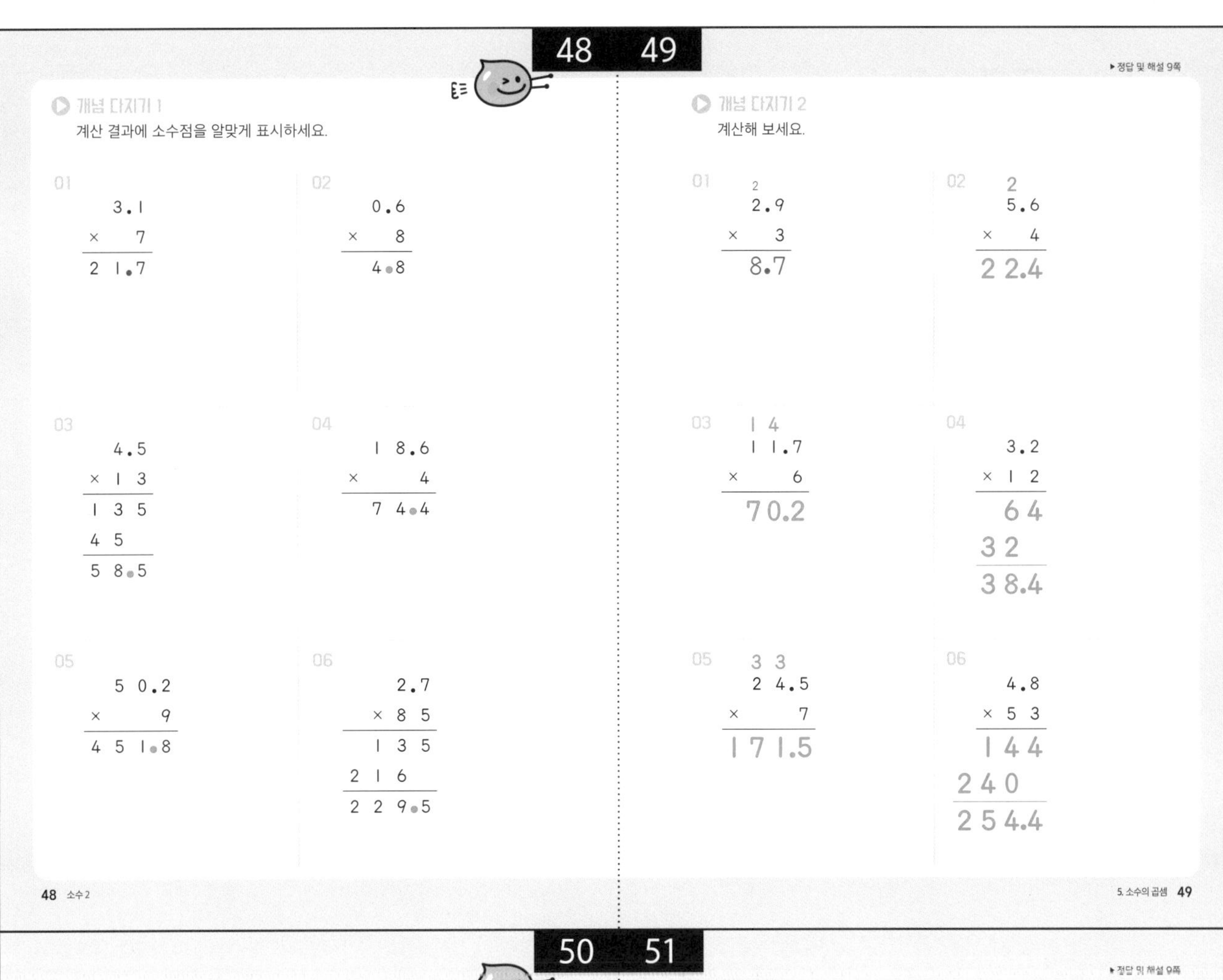

48 49

▸정답 및 해설 9쪽

개념 다지기 1

계산 결과에 소수점을 알맞게 표시하세요.

01
3.1
× 7
21.7

02
0.6
× 8
4.8

03
4.5
× 13
135
45
58.5

04
18.6
× 4
74.4

05
50.2
× 9
451.8

06
2.7
× 85
135
216
229.5

48 소수2

개념 다지기 2

계산해 보세요.

01
2
2.9
× 3
8.7

02
2
5.6
× 4
22.4

03
1 4
11.7
× 6
70.2

04
3.2
× 12
64
32
38.4

05
3 3
24.5
× 7
171.5

06
4.8
× 53
144
240
254.4

5. 소수의 곱셈 49

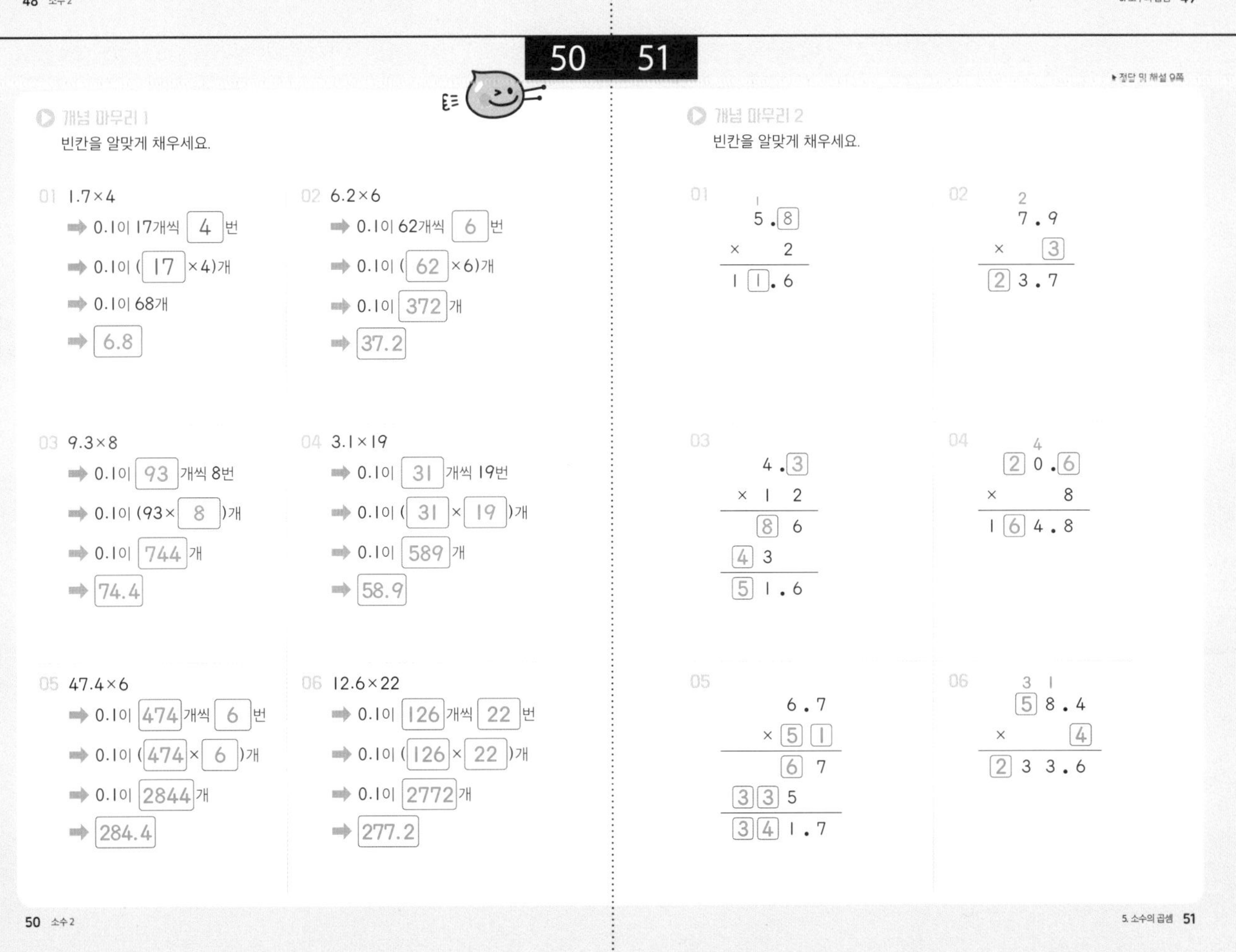

50 51

▸정답 및 해설 9쪽

개념 마무리 1

빈칸을 알맞게 채우세요.

01 1.7×4
➡ 0.1이 17개씩 [4]번
➡ 0.1이 ([17]×4)개
➡ 0.1이 68개
➡ [6.8]

02 6.2×6
➡ 0.1이 62개씩 [6]번
➡ 0.1이 ([62]×6)개
➡ 0.1이 [372]개
➡ [37.2]

03 9.3×8
➡ 0.1이 [93]개씩 8번
➡ 0.1이 (93×[8])개
➡ 0.1이 [744]개
➡ [74.4]

04 3.1×19
➡ 0.1이 [31]개씩 19번
➡ 0.1이 ([31]×[19])개
➡ 0.1이 [589]개
➡ [58.9]

05 47.4×6
➡ 0.1이 [474]개씩 [6]번
➡ 0.1이 ([474]×[6])개
➡ 0.1이 [2844]개
➡ [284.4]

06 12.6×22
➡ 0.1이 [126]개씩 [22]번
➡ 0.1이 ([126]×[22])개
➡ 0.1이 [2772]개
➡ [277.2]

50 소수2

개념 마무리 2

빈칸을 알맞게 채우세요.

01
1
5.[8]
× 2
1[1].6

02
2
7.9
× [3]
[2]3.7

03
4.[3]
× 12
[8]6
[4]3
[5]1.6

04
4
[2]0.[6]
× 8
1[6]4.8

05
6.7
× [5][1]
[6]7
[3][3]5
[3][4]1.7

06
3 1
[5]8.4
× [4]
[2]33.6

5. 소수의 곱셈 51

정답 및 해설

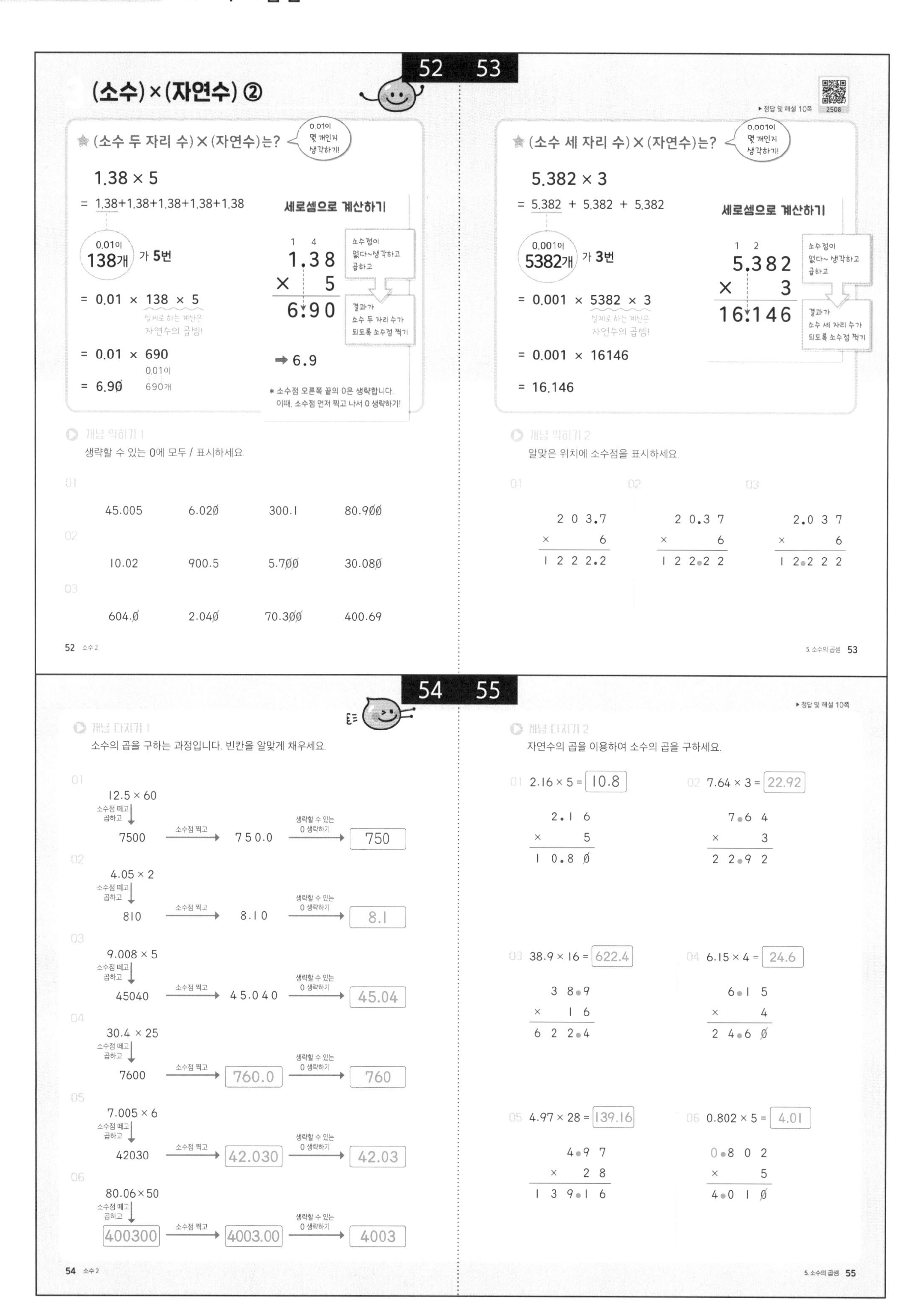

52 53

(소수) × (자연수) ②

★ (소수 두 자리 수) × (자연수)는?

0.01이 몇 개인지 생각하기!

1.38 × 5

= 1.38+1.38+1.38+1.38+1.38

0.01이 138개 가 5번

= 0.01 × 138 × 5

실제로 하는 계산은 자연수의 곱셈!

= 0.01 × 690

= 6.90 (0.01이 690개)

세로셈으로 계산하기

1.38 × 5 = 6.90

소수점이 없다~생각하고 곱하고

결과가 소수 두 자리 수가 되도록 소수점 찍기

→ 6.9

* 소수점 오른쪽 끝의 0은 생략합니다. 이때, 소수점 먼저 찍고 나서 0 생략하기!

★ (소수 세 자리 수) × (자연수)는?

0.001이 몇 개인지 생각하기!

5.382 × 3

= 5.382 + 5.382 + 5.382

0.001이 5382개 가 3번

= 0.001 × 5382 × 3

실제로 하는 계산은 자연수의 곱셈!

= 0.001 × 16146

= 16.146

세로셈으로 계산하기

5.382 × 3 = 16.146

소수점이 없다~ 생각하고 곱하고

결과가 소수 세 자리 수가 되도록 소수점 찍기

▸정답 및 해설 10쪽

개념 익히기 1

생략할 수 있는 0에 모두 / 표시하세요.

01 45.005 6.020 300.1 80.900

02 10.02 900.5 5.700 30.080

03 604.0 2.040 70.300 400.69

개념 익히기 2

알맞은 위치에 소수점을 표시하세요.

01 203.7 × 6 = 1222.2

02 20.37 × 6 = 122.22

03 2.037 × 6 = 12.222

52 소수2 5. 소수의 곱셈 53

54 55

개념 다지기 1

소수의 곱을 구하는 과정입니다. 빈칸을 알맞게 채우세요.

01 12.5 × 60 → (소수점 떼고 곱하고) 7500 → (소수점 찍고) 750.0 → (생략할 수 있는 0 생략하기) 750

02 4.05 × 2 → (소수점 떼고 곱하고) 810 → (소수점 찍고) 8.10 → (생략할 수 있는 0 생략하기) 8.1

03 9.008 × 5 → (소수점 떼고 곱하고) 45040 → (소수점 찍고) 45.040 → (생략할 수 있는 0 생략하기) 45.04

04 30.4 × 25 → (소수점 떼고 곱하고) 7600 → (소수점 찍고) 760.0 → (생략할 수 있는 0 생략하기) 760

05 7.005 × 6 → (소수점 떼고 곱하고) 42030 → (소수점 찍고) 42.030 → (생략할 수 있는 0 생략하기) 42.03

06 80.06 × 50 → (소수점 떼고 곱하고) 400300 → (소수점 찍고) 4003.00 → (생략할 수 있는 0 생략하기) 4003

▸정답 및 해설 10쪽

개념 다지기 2

자연수의 곱을 이용하여 소수의 곱을 구하세요.

01 2.16 × 5 = 10.8 (2.16 × 5 = 10.80)

02 7.64 × 3 = 22.92 (7.64 × 3 = 22.92)

03 38.9 × 16 = 622.4 (38.9 × 16 = 622.4)

04 6.15 × 4 = 24.6 (6.15 × 4 = 24.60)

05 4.97 × 28 = 139.16 (4.97 × 28 = 139.16)

06 0.802 × 5 = 4.01 (0.802 × 5 = 4.010)

54 소수2 5. 소수의 곱셈 55

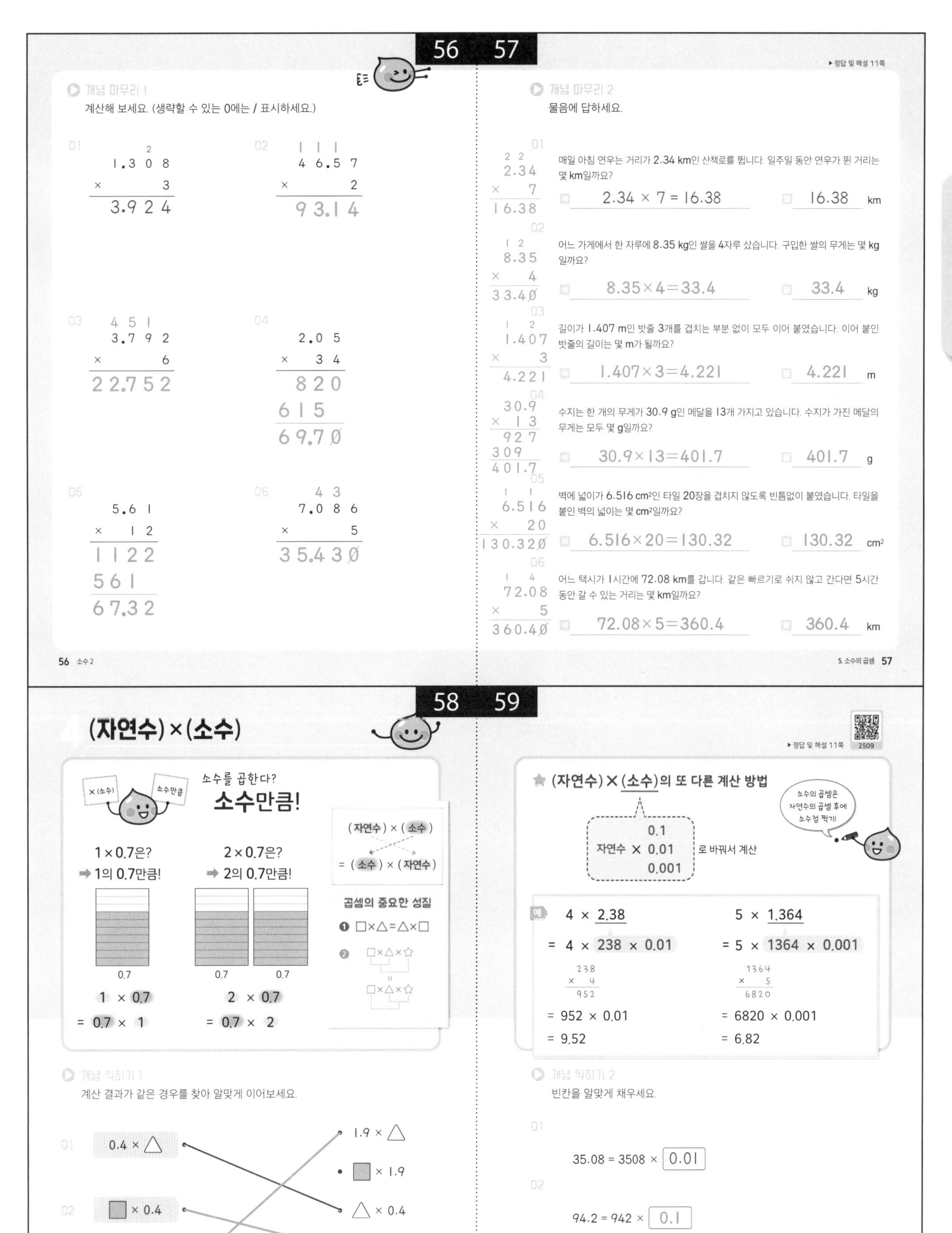

56 57

▶ 정답 및 해설 11쪽

개념 마무리 1

계산해 보세요. (생략할 수 있는 0에는 / 표시하세요.)

01
```
     2
  1.3 0 8
×       3
  3.9 2 4
```

02
```
  1 1 1
  4 6.5 7
×       2
  9 3.1 4
```

03
```
  4 5 1
  3.7 9 2
×       6
 2 2.7 5 2
```

04
```
    2.0 5
  ×   3 4
    8 2 0
  6 1 5
  6 9.7 0̸
```

05
```
    5.6 1
  ×   1 2
  1 1 2 2
  5 6 1
  6 7.3 2
```

06
```
     4 3
  7.0 8 6
×       5
 3 5.4 3 0̸
```

56 소수2

개념 마무리 2

물음에 답하세요.

01 매일 아침 연우는 거리가 2.34 km인 산책로를 뜁니다. 일주일 동안 연우가 뛴 거리는 몇 km일까요?

```
   2 2
  2.3 4
×     7
 1 6.3 8
```

식 2.34 × 7 = 16.38 답 16.38 km

02 어느 가게에서 한 자루에 8.35 kg인 쌀을 4자루 샀습니다. 구입한 쌀의 무게는 몇 kg일까요?

```
   1 2
  8.3 5
×     4
 3 3.4 0̸
```

식 8.35×4=33.4 답 33.4 kg

03 길이가 1.407 m인 밧줄 3개를 겹치는 부분 없이 모두 이어 붙였습니다. 이어 붙인 밧줄의 길이는 몇 m가 될까요?

```
  1   2
  1.4 0 7
×       3
  4.2 2 1
```

식 1.407×3=4.221 답 4.221 m

04 수지는 한 개의 무게가 30.9 g인 메달을 13개 가지고 있습니다. 수지가 가진 메달의 무게는 모두 몇 g일까요?

```
   3 0.9
 ×   1 3
   9 2 7
 3 0 9
 4 0 1.7
```

식 30.9×13=401.7 답 401.7 g

05 벽에 넓이가 6.516 cm²인 타일 20장을 겹치지 않도록 빈틈없이 붙였습니다. 타일을 붙인 벽의 넓이는 몇 cm²일까요?

```
    1   1
    6.5 1 6
 ×      2 0
 1 3 0.3 2 0̸
```

식 6.516×20=130.32 답 130.32 cm²

06 어느 택시가 1시간에 72.08 km를 갑니다. 같은 빠르기로 쉬지 않고 간다면 5시간 동안 갈 수 있는 거리는 몇 km일까요?

```
    1   4
  7 2.0 8
×       5
 3 6 0.4 0̸
```

식 72.08×5=360.4 답 360.4 km

5. 소수의 곱셈 57

58 59

4 (자연수)×(소수)

×(소수) 소수만큼

소수를 곱한다? 소수만큼!

1×0.7은? ➡ 1의 0.7만큼!

0.7

1 × 0.7 = 0.7 × 1

2×0.7은? ➡ 2의 0.7만큼!

0.7 0.7

2 × 0.7 = 0.7 × 2

(자연수) × (소수) = (소수) × (자연수)

곱셈의 중요한 성질

❶ □×△=△×□

❷ □×△×☆ = □×△×☆

개념 익히기 1

계산 결과가 같은 경우를 찾아 알맞게 이어보세요.

01 0.4 × △ — △ × 0.4

02 □ × 0.4 — 0.4 × □

03 △ × 1.9 — 1.9 × △

(보기: 1.9 × △, □ × 1.9, △ × 0.4, 0.4 × □, 1.△ × 9)

58 소수2

▶ 정답 및 해설 11쪽 2509

★ (자연수)×(소수)의 또 다른 계산 방법

자연수 × 0.1 / 0.01 / 0.001 로 바꿔서 계산

소수의 곱셈은 자연수의 곱셈 후에 소수점 찍기!

예

4 × 2.38
= 4 × 238 × 0.01
```
  238
×   4
  952
```
= 952 × 0.01
= 9.52

5 × 1.364
= 5 × 1364 × 0.001
```
  1364
×    5
  6820
```
= 6820 × 0.001
= 6.82

개념 익히기 2

빈칸을 알맞게 채우세요.

01 35.08 = 3508 × 0.01

02 94.2 = 942 × 0.1

03 7.167 = 7167 × 0.001

5. 소수의 곱셈 59

정답 및 해설

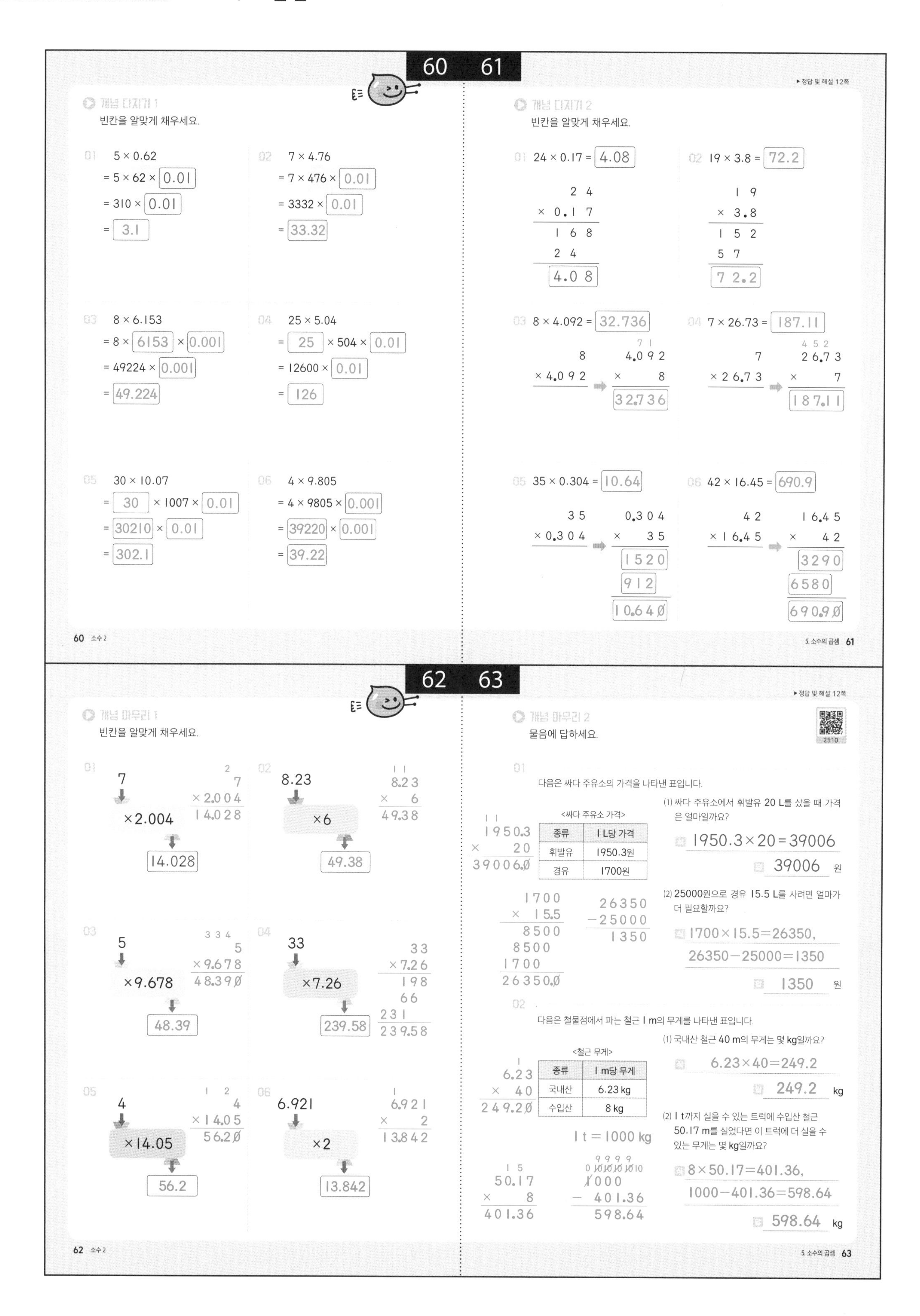

60 61

▶정답 및 해설 12쪽

개념 다지기 1

빈칸을 알맞게 채우세요.

01 5 × 0.62 = 5 × 62 × 0.01 = 310 × 0.01 = 3.1

02 7 × 4.76 = 7 × 476 × 0.01 = 3332 × 0.01 = 33.32

03 8 × 6.153 = 8 × 6153 × 0.001 = 49224 × 0.001 = 49.224

04 25 × 5.04 = 25 × 504 × 0.01 = 12600 × 0.01 = 126

05 30 × 10.07 = 30 × 1007 × 0.01 = 30210 × 0.01 = 302.1

06 4 × 9.805 = 4 × 9805 × 0.001 = 39220 × 0.001 = 39.22

60 소수2

개념 다지기 2

빈칸을 알맞게 채우세요.

01 24 × 0.17 = 4.08
(24 × 0.17: 168, 24 → 4.08)

02 19 × 3.8 = 72.2
(19 × 3.8: 152, 57 → 72.2)

03 8 × 4.092 = 32.736
(8 × 4.092 ⇒ 4.092 × 8 = 32.736)

04 7 × 26.73 = 187.11
(7 × 26.73 ⇒ 26.73 × 7 = 187.11)

05 35 × 0.304 = 10.64
(35 × 0.304 ⇒ 0.304 × 35: 1520, 912 → 10.640)

06 42 × 16.45 = 690.9
(42 × 16.45 ⇒ 16.45 × 42: 3290, 6580 → 690.90)

5. 소수의 곱셈 61

62 63

▶정답 및 해설 12쪽

개념 마무리 1

빈칸을 알맞게 채우세요.

01 7 → ×2.004 → 14.028 (7 × 2.004 = 14.028)

02 8.23 → ×6 → 49.38 (8.23 × 6 = 49.38)

03 5 → ×9.678 → 48.39 (5 × 9.678 = 48.390)

04 33 → ×7.26 → 239.58 (33 × 7.26: 198, 66, 231 → 239.58)

05 4 → ×14.05 → 56.2 (4 × 14.05 = 56.20)

06 6.921 → ×2 → 13.842 (6.921 × 2 = 13.842)

62 소수2

개념 마무리 2

물음에 답하세요.

2510

01 다음은 싸다 주유소의 가격을 나타낸 표입니다.

<싸다 주유소 가격>

종류	1 L당 가격
휘발유	1950.3원
경유	1700원

(1) 싸다 주유소에서 휘발유 20 L를 샀을 때 가격은 얼마일까요?

식 1950.3×20=39006

답 39006 원

(1950.3 × 20 = 39006.0)

(2) 25000원으로 경유 15.5 L를 사려면 얼마가 더 필요할까요?

식 1700×15.5=26350, 26350−25000=1350

답 1350 원

(1700 × 15.5: 8500, 8500, 1700 → 26350.0; 26350 − 25000 = 1350)

02 다음은 철물점에서 파는 철근 1 m의 무게를 나타낸 표입니다.

<철근 무게>

종류	1 m당 무게
국내산	6.23 kg
수입산	8 kg

(1) 국내산 철근 40 m의 무게는 몇 kg일까요?

식 6.23×40=249.2

답 249.2 kg

(6.23 × 40 = 249.20)

(2) 1 t까지 실을 수 있는 트럭에 수입산 철근 50.17 m를 실었다면 이 트럭에 더 실을 수 있는 무게는 몇 kg일까요?

1 t = 1000 kg

식 8×50.17=401.36, 1000−401.36=598.64

답 598.64 kg

(50.17 × 8 = 401.36; 1000 − 401.36 = 598.64)

5. 소수의 곱셈 63

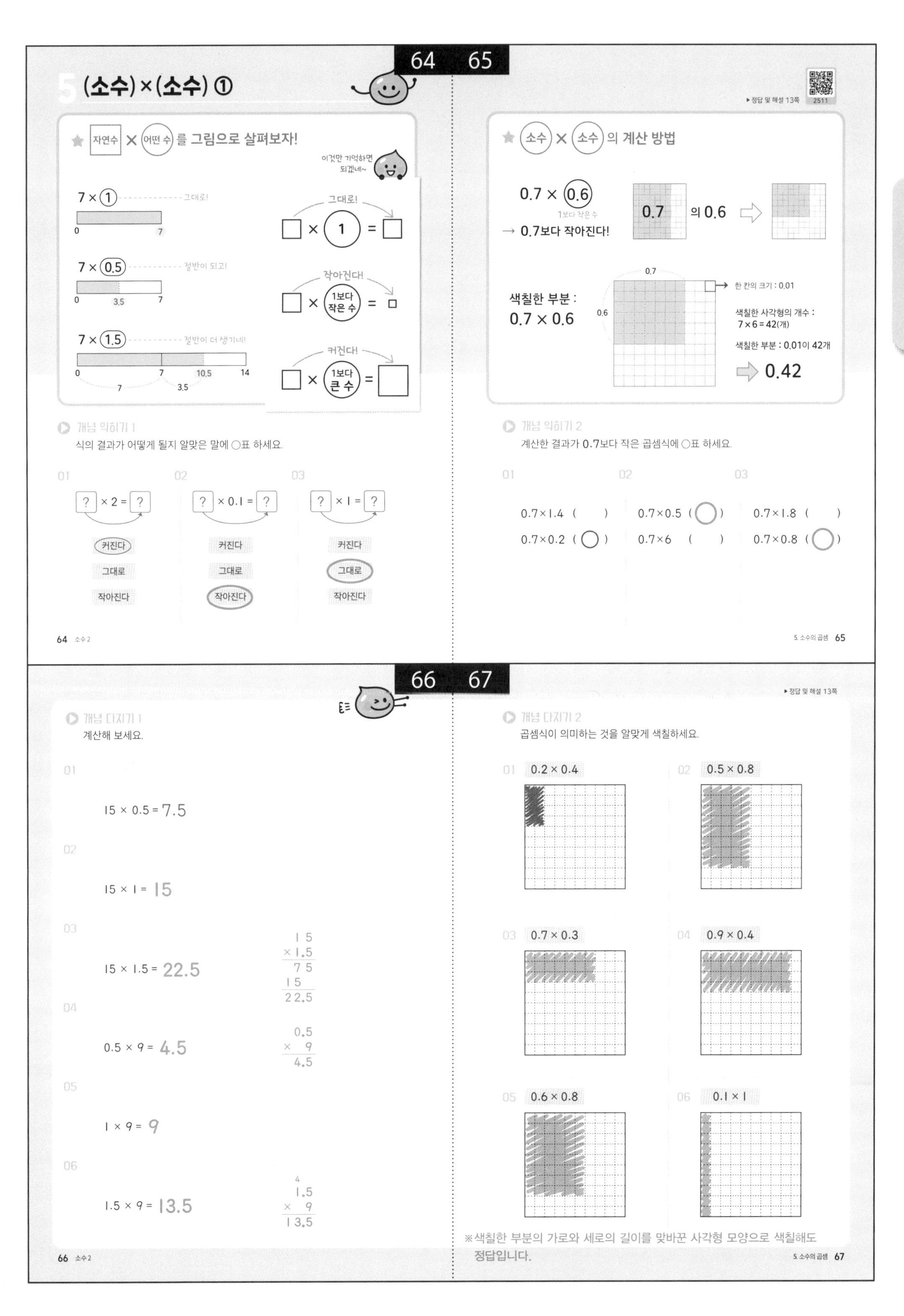

64 65

5 (소수)×(소수) ①

▸정답 및 해설 13쪽 2511

★ 자연수 × 어떤 수 를 그림으로 살펴보자!

이것만 기억하면 되겠네~

7 × 1 ----- 그대로!

0 7

7 × 0.5 ----- 절반이 되고!

0 3.5 7

7 × 1.5 ----- 절반이 더 생기네!

0 7 10.5 14

7 3.5

그대로! □ × 1 = □

작아진다! □ × 1보다 작은 수 = □

커진다! □ × 1보다 큰 수 = □

★ 소수 × 소수 의 계산 방법

0.7 × 0.6 (1보다 작은 수)

→ 0.7보다 작아진다!

0.7 의 0.6 ⇨

색칠한 부분 : 0.7 × 0.6

0.7, 0.6

한 칸의 크기 : 0.01

색칠한 사각형의 개수 : 7 × 6 = 42(개)

색칠한 부분 : 0.01이 42개

⇨ 0.42

▶ 개념 익히기 1

식의 결과가 어떻게 될지 알맞은 말에 ○표 하세요.

01 ? × 2 = ? — 커진다(○) / 그대로 / 작아진다

02 ? × 0.1 = ? — 커진다 / 그대로 / 작아진다(○)

03 ? × 1 = ? — 커진다 / 그대로(○) / 작아진다

▶ 개념 익히기 2

계산한 결과가 0.7보다 작은 곱셈식에 ○표 하세요.

01 0.7×1.4 ( ), 0.7×0.2 (○)

02 0.7×0.5 (○), 0.7×6 ( )

03 0.7×1.8 ( ), 0.7×0.8 (○)

64 소수 2 5. 소수의 곱셈 65

66 67

▸정답 및 해설 13쪽

▶ 개념 다지기 1

계산해 보세요.

01 15 × 0.5 = 7.5

02 15 × 1 = 15

03 15 × 1.5 = 22.5 (15 × 1.5 = 75 + 15 → 22.5)

04 0.5 × 9 = 4.5 (0.5 × 9 = 4.5)

05 1 × 9 = 9

06 1.5 × 9 = 13.5 (1.5 × 9 = 13.5)

▶ 개념 다지기 2

곱셈식이 의미하는 것을 알맞게 색칠하세요.

01 0.2 × 0.4

02 0.5 × 0.8

03 0.7 × 0.3

04 0.9 × 0.4

05 0.6 × 0.8

06 0.1 × 1

※색칠한 부분의 가로와 세로의 길이를 맞바꾼 사각형 모양으로 색칠해도 정답입니다.

66 소수 2 5. 소수의 곱셈 67

정답 및 해설

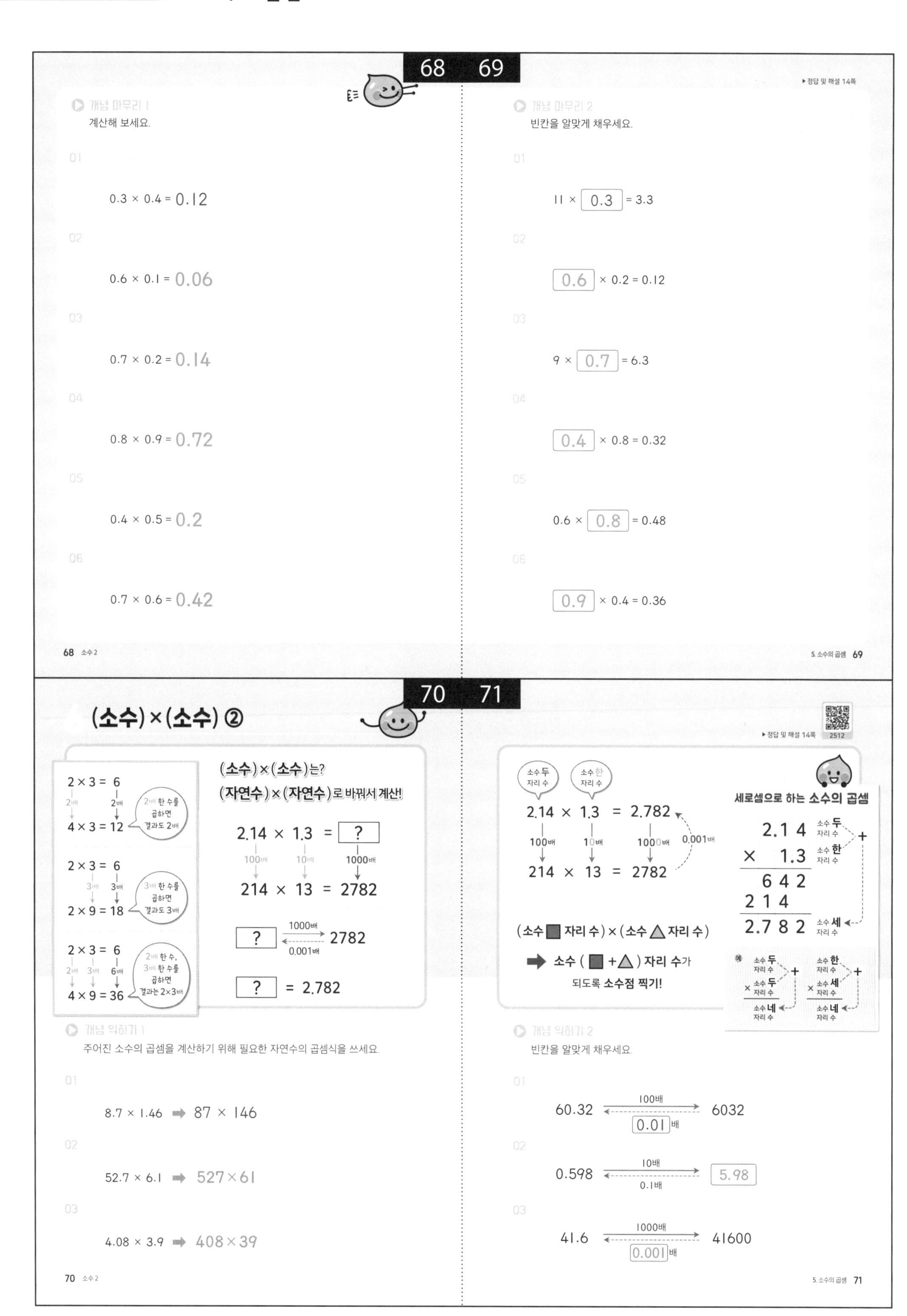

68 69

▶정답 및 해설 14쪽

개념 마무리 1

계산해 보세요.

01 0.3 × 0.4 = 0.12

02 0.6 × 0.1 = 0.06

03 0.7 × 0.2 = 0.14

04 0.8 × 0.9 = 0.72

05 0.4 × 0.5 = 0.2

06 0.7 × 0.6 = 0.42

개념 마무리 2

빈칸을 알맞게 채우세요.

01 11 × [0.3] = 3.3

02 [0.6] × 0.2 = 0.12

03 9 × [0.7] = 6.3

04 [0.4] × 0.8 = 0.32

05 0.6 × [0.8] = 0.48

06 [0.9] × 0.4 = 0.36

68 소수 2 · 5. 소수의 곱셈 69

70 71

(소수) × (소수) ②

2 × 3 = 6 → (2배, 2배) → 4 × 3 = 12 : 2배 한 수를 곱하면 결과도 2배

2 × 3 = 6 → (3배, 3배) → 2 × 9 = 18 : 3배 한 수를 곱하면 결과도 3배

2 × 3 = 6 → (2배, 3배, 6배) → 4 × 9 = 36 : 2배 한 수, 3배 한 수를 곱하면 결과는 2×3배

(소수) × (소수)는?
(자연수) × (자연수)로 바꿔서 계산!

2.14 × 1.3 = [?]
(100배, 10배, 1000배)
214 × 13 = 2782

[?] ← 0.001배 / 1000배 → 2782

[?] = 2.782

▶정답 및 해설 14쪽 2512

소수 두 자리 수, 소수 한 자리 수

2.14 × 1.3 = 2.782
(100배, 10배, 1000배, 0.001배)
214 × 13 = 2782

(소수 ■ 자리 수) × (소수 △ 자리 수)
➡ 소수 (■ + △) 자리 수가 되도록 소수점 찍기!

세로셈으로 하는 소수의 곱셈

```
   2.1 4   소수 두 자리 수
×    1.3   소수 한 자리 수
   6 4 2
 2 1 4
 2.7 8 2   소수 세 자리 수
```

예 소수 두 자리 수 × 소수 두 자리 수 → 소수 네 자리 수; 소수 한 자리 수 × 소수 세 자리 수 → 소수 네 자리 수

개념 익히기 1

주어진 소수의 곱셈을 계산하기 위해 필요한 자연수의 곱셈식을 쓰세요.

01 8.7 × 1.46 ➡ 87 × 146

02 52.7 × 6.1 ➡ 527 × 61

03 4.08 × 3.9 ➡ 408 × 39

개념 익히기 2

빈칸을 알맞게 채우세요.

01 60.32 —100배→ 6032, ←[0.01]배—

02 0.598 —10배→ [5.98], ←0.1배—

03 41.6 —1000배→ 41600, ←[0.001]배—

70 소수 2 · 5. 소수의 곱셈 71

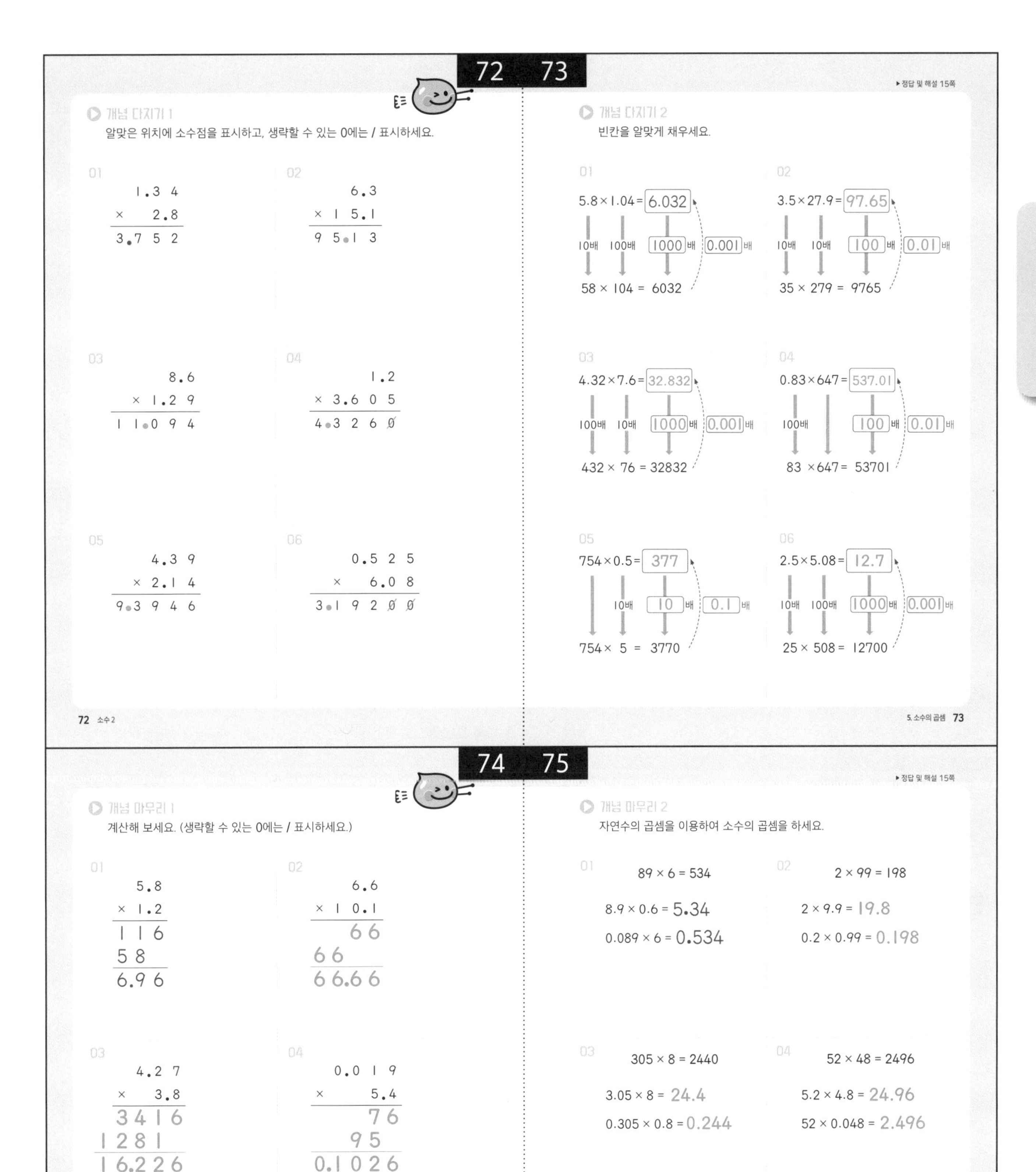

72 73

▸정답 및 해설 15쪽

개념 다지기 1

알맞은 위치에 소수점을 표시하고, 생략할 수 있는 0에는 / 표시하세요.

01
1.3 4 × 2.8 = 3.7 5 2

02
6.3 × 1 5.1 = 9 5.1 3

03
8.6 × 1.2 9 = 1 1.0 9 4

04
1.2 × 3.6 0 5 = 4.3 2 6 0̸

05
4.3 9 × 2.1 4 = 9.3 9 4 6

06
0.5 2 5 × 6.0 8 = 3.1 9 2 0̸ 0̸

개념 다지기 2

빈칸을 알맞게 채우세요.

01
5.8 × 1.04 = 6.032
10배, 10배, 1000배, 0.001배
58 × 104 = 6032

02
3.5 × 27.9 = 97.65
10배, 10배, 100배, 0.01배
35 × 279 = 9765

03
4.32 × 7.6 = 32.832
100배, 10배, 1000배, 0.001배
432 × 76 = 32832

04
0.83 × 647 = 537.01
100배, 100배, 0.01배
83 × 647 = 53701

05
754 × 0.5 = 377
10배, 10배, 0.1배
754 × 5 = 3770

06
2.5 × 5.08 = 12.7
10배, 100배, 1000배, 0.001배
25 × 508 = 12700

74 75

▸정답 및 해설 15쪽

개념 마무리 1

계산해 보세요. (생략할 수 있는 0에는 / 표시하세요.)

01
5.8 × 1.2
116
58
6.96

02
6.6 × 10.1
66
66
66.66

03
4.27 × 3.8
3416
1281
16.226

04
0.019 × 5.4
76
95
0.1026

05
0.23 × 8.17
161
23
184
1.8791

06
76.5 × 0.042
1530
3060
3.2130̸

개념 마무리 2

자연수의 곱셈을 이용하여 소수의 곱셈을 하세요.

01
89 × 6 = 534
8.9 × 0.6 = 5.34
0.089 × 6 = 0.534

02
2 × 99 = 198
2 × 9.9 = 19.8
0.2 × 0.99 = 0.198

03
305 × 8 = 2440
3.05 × 8 = 24.4
0.305 × 0.8 = 0.244

04
52 × 48 = 2496
5.2 × 4.8 = 24.96
52 × 0.048 = 2.496

05
74 × 203 = 15022
0.74 × 20.3 = 15.022
7.4 × 0.203 = 1.5022

06
216 × 65 = 14040
0.216 × 65 = 14.04
2.16 × 0.65 = 1.404

정답 및 해설

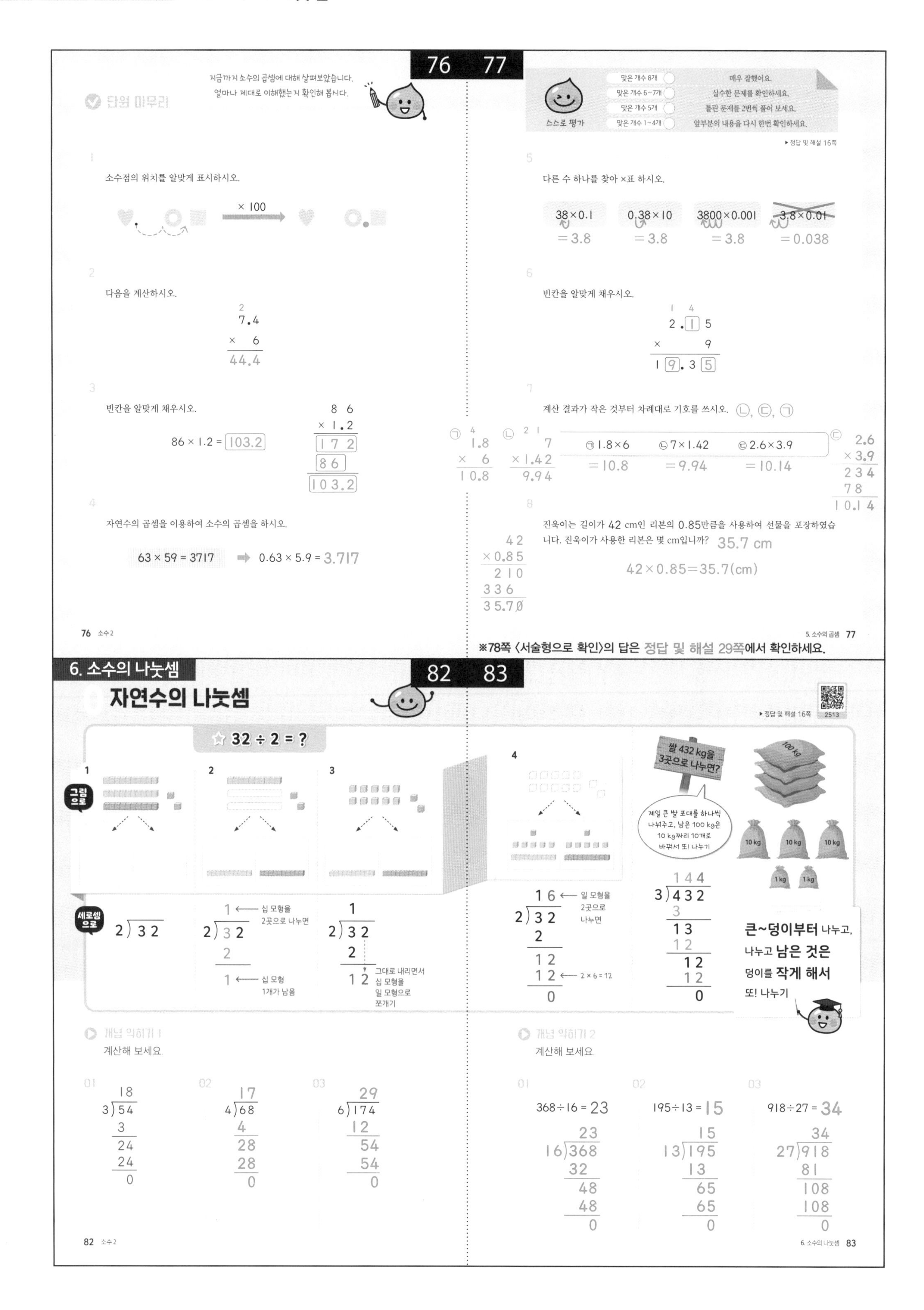

단원 마무리

지금까지 소수의 곱셈에 대해 살펴보았습니다.
얼마나 제대로 이해했는지 확인해 봅시다.

76 77

1 소수점의 위치를 알맞게 표시하시오.

♥ . ○ ■ × 100 → ♥ ○ . ■

2 다음을 계산하시오.

```
    2
  7.4
×   6
────
 44.4
```

3 빈칸을 알맞게 채우시오.

86 × 1.2 = ⎣103.2⎦

```
   8 6
×  1.2
─────
 1 7 2
 8 6
─────
1 0 3.2
```

4 자연수의 곱셈을 이용하여 소수의 곱셈을 하시오.

63 × 59 = 3717 ➡ 0.63 × 5.9 = 3.717

스스로 평가

맞은 개수 8개 ○	매우 잘했어요.
맞은 개수 6~7개 ○	실수한 문제를 확인하세요.
맞은 개수 5개 ○	틀린 문제를 2번씩 풀어 보세요.
맞은 개수 1~4개 ○	앞부분의 내용을 다시 한번 확인하세요.

▶ 정답 및 해설 16쪽

5 다른 수 하나를 찾아 ×표 하시오.

38 × 0.1 0.38 × 10 3800 × 0.001 ✗3.8 × 0.01✗
= 3.8 = 3.8 = 3.8 = 0.038

6 빈칸을 알맞게 채우시오.

```
   1  4
  2.⎣1⎦5
×     9
──────
1 ⎣9⎦.3 ⎣5⎦
```

7 계산 결과가 작은 것부터 차례대로 기호를 쓰시오. ⎣ⓛ⎦, ⎣ⓒ⎦, ⎣ⓝ⎦

⊙ 1.8 × 6 ⓛ 7 × 1.42 ⓒ 2.6 × 3.9
= 10.8 = 9.94 = 10.14

```
⊙    4              ⓛ  2 1
   1.8                 7
×    6              × 1.42
────               ─────
1 0.8                9.94
```

```
ⓒ    2.6
   ×  3.9
   ─────
    2 3 4
    7 8
   ─────
   1 0.1 4
```

8 진욱이는 길이가 42 cm인 리본의 0.85만큼을 사용하여 선물을 포장하였습니다. 진욱이가 사용한 리본은 몇 cm입니까? 35.7 cm

42 × 0.85 = 35.7(cm)

```
      4 2
   × 0.85
   ─────
    2 1 0
    3 3 6
   ─────
   3 5.7 Ø
```

※78쪽 〈서술형으로 확인〉의 답은 정답 및 해설 29쪽에서 확인하세요.

자연수의 나눗셈

82 83

▶ 정답 및 해설 16쪽

☆ 32 ÷ 2 = ?

그림으로

1 2 3 4

쌀 432 kg을 3곳으로 나누면?

제일 큰 쌀 포대를 하나씩 나눠주고, 남은 100 kg은 10 kg짜리 10개로 바꿔서 또 나누기

100 kg 10 kg 10 kg 10 kg 1 kg 1 kg

세로셈으로

```
2)32
```

```
  1 ← 십 모형을
2)32  2곳으로 나누면
  2
  ──
  1 ← 십 모형
     1개 남음
```

```
   1
2)32
   2
   ──
   1 2 ← 그대로 내리면서
          십 모형을
          일 모형으로
          쪼개기
```

```
  1 6 ← 일 모형을
2)32     2곳으로 나누면
  2
  ──
  1 2
  1 2 ← 2 × 6 = 12
  ──
    0
```

```
   1 4 4
3)4 3 2
  3
  ──
  1 3
  1 2
  ──
    1 2
    1 2
    ──
      0
```

큰~덩이부터 **나누고**,
나누고 남은 것은
덩이를 **작게 해서**
또! 나누기

▶ 개념 익히기 1

계산해 보세요.

```
01    1 8
   3)5 4
     3
     ──
     2 4
     2 4
     ──
       0
```

```
02    1 7
   4)6 8
     4
     ──
     2 8
     2 8
     ──
       0
```

```
03      2 9
   6)1 7 4
     1 2
     ──
       5 4
       5 4
       ──
         0
```

▶ 개념 익히기 2

계산해 보세요.

```
01  368 ÷ 16 = 23
       2 3
   16)3 6 8
      3 2
      ──
        4 8
        4 8
        ──
          0
```

```
02  195 ÷ 13 = 15
       1 5
   13)1 9 5
      1 3
      ──
        6 5
        6 5
        ──
          0
```

```
03  918 ÷ 27 = 34
       3 4
   27)9 1 8
      8 1
      ──
      1 0 8
      1 0 8
      ──
          0
```

84 85

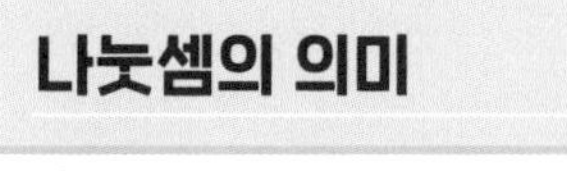

1 나눗셈의 의미

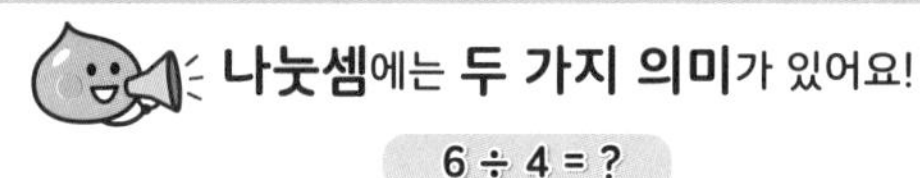

나눗셈에는 두 가지 의미가 있어요!

6 ÷ 4 = ?

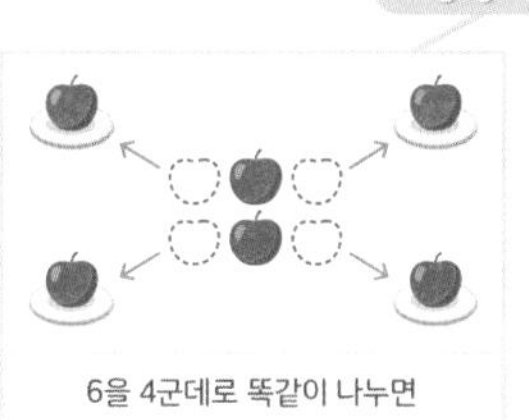

6을 4군데로 똑같이 나누면
한 군데에 1씩 놓이고 2가 남습니다.

6 안에 4가 1번 들어가고
2가 남습니다.

6 ÷ 4 = 1 ··· 2
(나누어지는 수, 나누는 수, 몫, 나머지)

▶ 개념 익히기 1
빈칸을 알맞게 채우세요.

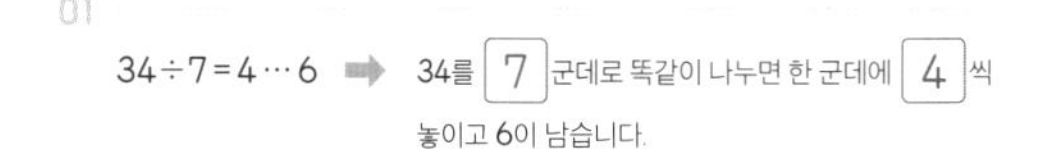

01
34÷7=4···6 ➡ 34를 [7] 군데로 똑같이 나누면 한 군데에 [4] 씩 놓이고 6이 남습니다.

02
49÷5=9···4 ➡ [49] 를 [5] 군데로 똑같이 나누면 한 군데에 [9] 씩 놓이고 4가 남습니다.

03
75÷9=8···3 ➡ 75를 [9] 군데로 똑같이 나누면 한 군데에 [8] 씩 놓이고 [3] 이 남습니다.

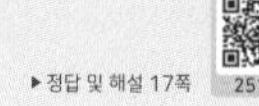

▶ 정답 및 해설 17쪽 2514

소수의 나눗셈도 의미는 두 가지

4.5 ÷ 2 = ?

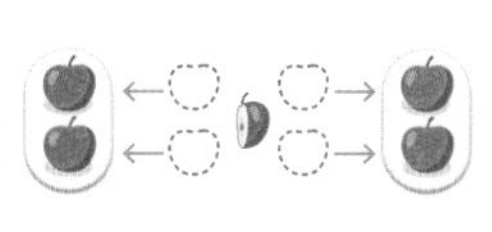

4.5를 2군데로 똑같이 나누면
한 군데에 2씩 놓이고 0.5가 남습니다.

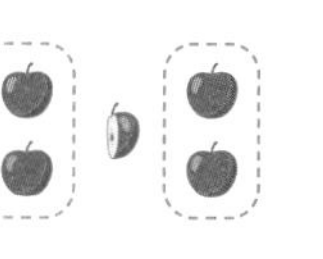

4.5 안에 2가 2번 들어가고
0.5가 남습니다.

4.5 ÷ 2 = 2 ··· 0.5
(나누어지는 수, 나누는 수, 몫, 나머지)

▶ 개념 익히기 2
문장을 읽고 나눗셈식으로 쓰세요.

01
7.3을 4군데로 똑같이 나누면 한 군데에 1씩 놓이고 3.3이 남습니다.
➡ 7.3 ÷ 4 = 1 ··· 3.3

02
12.4를 6군데로 똑같이 나누면 한 군데에 2씩 놓이고 0.4가 남습니다.
➡ 12.4÷6=2···0.4

03
47.7을 8군데로 똑같이 나누면 한 군데에 5씩 놓이고 7.7이 남습니다.
➡ 47.7÷8=5···7.7

86 87

2 (소수)÷(자연수)

퀴즈?

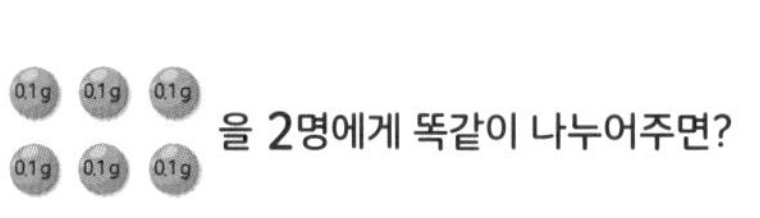

을 2명에게 똑같이 나누어주면?

아하!

(소수)÷(자연수)도
각 자리별로 나누기!

▶ 개념 익히기 1
계산해 보세요.

01

3.1
3)9.3

02

4 1.3
2)8 2.6

03

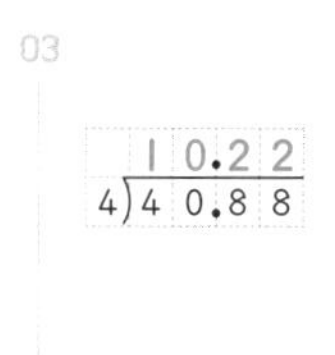

1 0.2 2
4)4 0.8 8

▶ 정답 및 해설 17쪽 2515

소수의 곱셈은?
자연수의 곱셈처럼 곱하고
소수점 찍기!

★ (소수)÷(자연수)?
자연수의 나눗셈처럼
계산하고 소수점 올려 찍기

$$\begin{array}{r} 2.3 \\ 2{\overline{\smash{\big)}\,4.6}} \\ 4 \\ \hline 6 \\ 6 \\ \hline 0 \end{array}$$

$$\begin{array}{r} 8.48 \\ 3{\overline{\smash{\big)}\,25.44}} \\ 24 \\ \hline 14 \\ 12 \\ \hline 24 \\ 24 \\ \hline 0 \end{array}$$

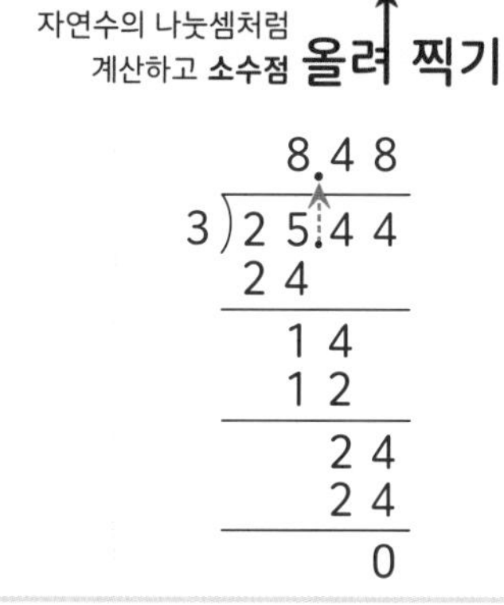

▶ 개념 익히기 2
알맞은 위치에 소수점을 찍어 보세요.

01

7.5 4
3)2 2.6 2
2 1
1 6
1 5
1 2
1 2
0

02

8.2
9)7 3.8
7 2
1 8
1 8
0

03

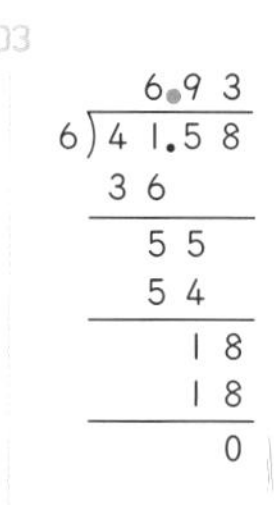

6.9 3
6)4 1.5 8
3 6
5 5
5 4
1 8
1 8
0

88 89

▶ 정답 및 해설 18쪽

개념 다지기 1

자연수의 나눗셈을 이용하여 소수의 나눗셈을 계산해 보세요.

01 $836 \div 4 = 209$ ➡ $8.36 \div 4 = 2.09$

02 $426 \div 3 = 142$ ➡ $4.26 \div 3 = 1.42$

03 $2355 \div 5 = 471$ ➡ $23.55 \div 5 = 4.71$

04 $4102 \div 7 = 586$ ➡ $410.2 \div 7 = 58.6$

05 852 ÷ 4 = 213

➡ 8.52 ÷ 4 = 2.13

$8.52 \div 4 = 2.13$

06 3448 ÷ 2 = 1724

➡ 3.448 ÷ 2 = 1.724

$3.448 \div 2 = 1.724$

개념 다지기 2

계산해 보세요.

01 $13.8 \div 6 = 2.3$ (12, 18, 18, 0)

02 $18.8 \div 4 = 4.7$ (16, 28, 28, 0)

03 $7.56 \div 7 = 1.08$ (7, 56, 56, 0)

04 $80.6 \div 13 = 6.2$ (78, 26, 26, 0)

05 $19.25 \div 5 = 3.85$ (15, 42, 40, 25, 25, 0)

06 $28.62 \div 18 = 1.59$ (18, 106, 90, 162, 162, 0)

90

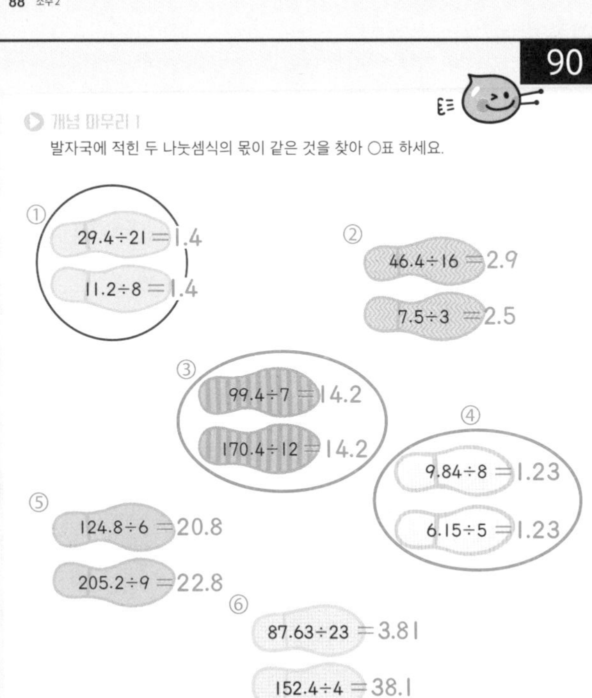

① $29.4 \div 21 = 1.4$ (21, 84, 84, 0) / $11.2 \div 8 = 1.4$ (8, 32, 32, 0)

② $46.4 \div 16 = 2.9$ (32, 144, 144, 0) / $7.5 \div 3 = 2.5$ (6, 15, 15, 0)

③ $99.4 \div 7 = 14.2$ (7, 29, 28, 14, 14, 0) / $170.4 \div 12 = 14.2$ (12, 50, 48, 24, 24, 0)

④ $9.84 \div 8 = 1.23$ (8, 18, 16, 24, 24, 0) / $6.15 \div 5 = 1.23$ (5, 11, 10, 15, 15, 0)

⑤ $124.8 \div 6 = 20.8$ (12, 48, 48, 0) / $205.2 \div 9 = 22.8$ (18, 25, 18, 72, 72, 0)

⑥ $87.63 \div 23 = 3.81$ (69, 186, 184, 23, 23, 0) / $152.4 \div 4 = 38.1$ (12, 32, 32, 4, 4, 0)

⑦ $75.4 \div 2 = 37.7$ (6, 15, 14, 14, 14, 0) / $133.2 \div 36 = 3.7$ (108, 252, 252, 0)

⑧ $22.4 \div 14 = 1.6$ (14, 84, 84, 0) / $78.4 \div 49 = 1.6$ (49, 294, 294, 0)

01

$$\begin{array}{r} 65.4 \\ 8\overline{)523.2} \\ \underline{48} \\ 43 \\ \underline{40} \\ 3\,2 \\ \underline{3\,2} \\ 0 \end{array}$$

02

$$\begin{array}{r} 3.72 \\ 7\overline{)26.04} \\ \underline{21} \\ 5\,0 \\ \underline{4\,9} \\ 14 \\ \underline{14} \\ 0 \end{array}$$

03

$$\begin{array}{r} 5.09 \\ 6\overline{)30.54} \\ \underline{30} \\ 54 \\ \underline{54} \\ 0 \end{array}$$

04

$$\begin{array}{r} 16.8 \\ 12\overline{)201.6} \\ \underline{12} \\ 81 \\ \underline{72} \\ 9\,6 \\ \underline{9\,6} \\ 0 \end{array}$$

05

$$\begin{array}{r} 21.7 \\ 9\overline{)195.3} \\ \underline{18} \\ 15 \\ \underline{9} \\ 6\,3 \\ \underline{6\,3} \\ 0 \end{array}$$

06

$$\begin{array}{r} 4.83 \\ 16\overline{)77.28} \\ \underline{64} \\ 13\,2 \\ \underline{12\,8} \\ 48 \\ \underline{48} \\ 0 \end{array}$$

91

▶ 정답 및 해설 19쪽

개념 마무리 2

물음에 답하세요.

01

크림 치즈 523.2 g을 이용해 치즈 케이크를 만들었습니다. 만든 치즈 케이크가 8인분이라면, 1인분에 들어가는 크림 치즈는 몇 g일까요?

식 523.2 ÷ 8 = 65.4 답 65.4 g

02

리본 26.04 m를 7도막으로 똑같이 잘랐습니다. 리본 한 도막의 길이는 몇 m일까요?

식 26.04÷7=3.72 답 3.72 m

03

간장 30.54 L를 항아리 6개에 똑같이 나누어 담았습니다. 항아리 1개에 담은 간장은 몇 L일까요?

식 30.54÷6=5.09 답 5.09 L

04

넓이가 201.6 m^2인 화단을 똑같이 나누어 12종류의 꽃을 심었습니다. 한 종류의 꽃을 심은 부분의 넓이는 몇 m^2일까요?

식 201.6÷12=16.8 답 16.8 m^2

05

쌀 195.3 kg을 9개의 자루에 똑같이 나누어 담았습니다. 한 자루에 담은 쌀은 몇 kg일까요?

식 195.3÷9=21.7 답 21.7 kg

06

현태는 물이 일정하게 나오는 수도로 욕조에 16분 동안 77.28 L의 물을 받았습니다. 현태가 1분 동안 받은 물의 양은 몇 L일까요?

식 77.28÷16=4.83 답 4.83 L

6. 소수의 나눗셈 91

92 93

3 작은 수도 나누는 나눗셈

소수의 세계에서는 작은 수도 계속 나눌 수 있지~

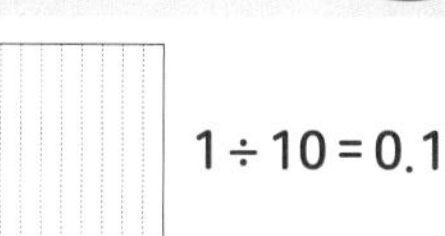

1을 10개로 똑같이 나눈 것 중의 하나가 0.1

1 ÷ 10 = 0.1

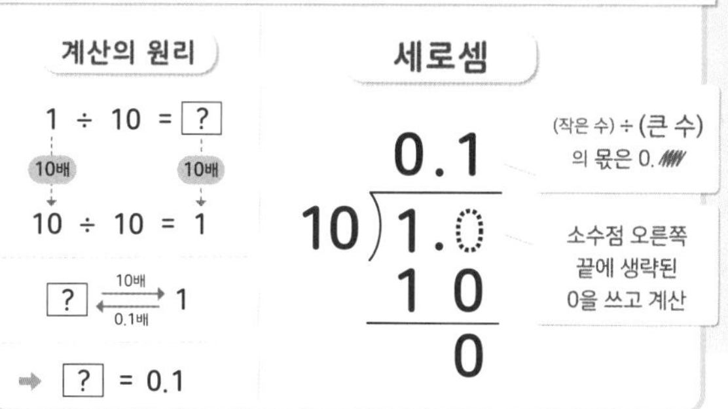

계산의 원리
1 ÷ 10 = ?
10배
10배
10 ÷ 10 = 1
? 10배 1
0.1배
➡ ? = 0.1
세로셈
(작은 수) ÷ (큰 수)의 몫은 0.
소수점 오른쪽 끝에 생략된 0을 쓰고 계산

개념 익히기 1

빈칸을 알맞게 채우세요.

01

9 --0.1배--> 0.9

02

71 --0.01배--> 0.71

03

4 --0.001배--> 0.004

92 소수 2

▶ 정답 및 해설 19쪽 2516

소수점 오른쪽 끝의 0을 내리면서 계속 나눌 수 있어!

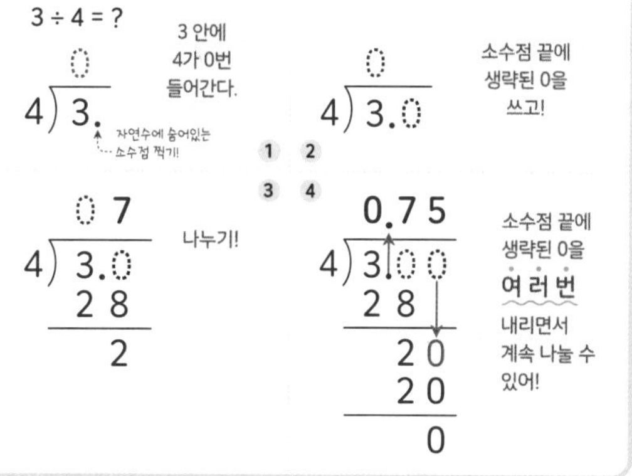

3 ÷ 4 = ?
3 안에 4가 0번 들어간다.
자연수에 숨어있는 소수점 찍기!
소수점 끝에 생략된 0을 쓰고!
나누기!
소수점 끝에 생략된 0을 여러 번 내리면서 계속 나눌 수 있어!

개념 익히기 2

몫이 0.▒이 되는 나눗셈식에 ○표 하세요.

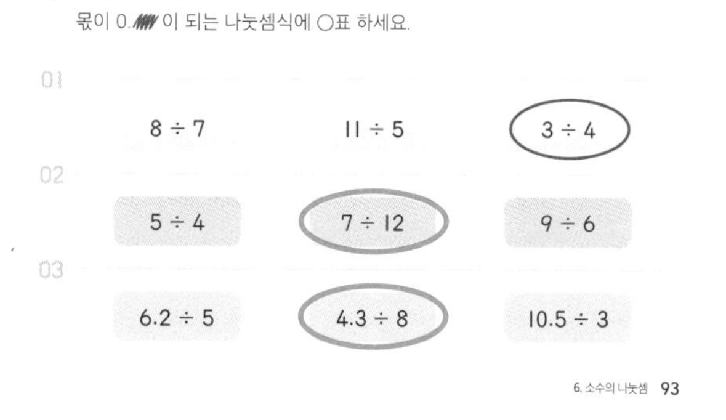

01

8 ÷ 7 / 11 ÷ 5 / (3 ÷ 4)

02

5 ÷ 4 / (7 ÷ 12) / 9 ÷ 6

03

6.2 ÷ 5 / (4.3 ÷ 8) / 10.5 ÷ 3

6. 소수의 나눗셈 93

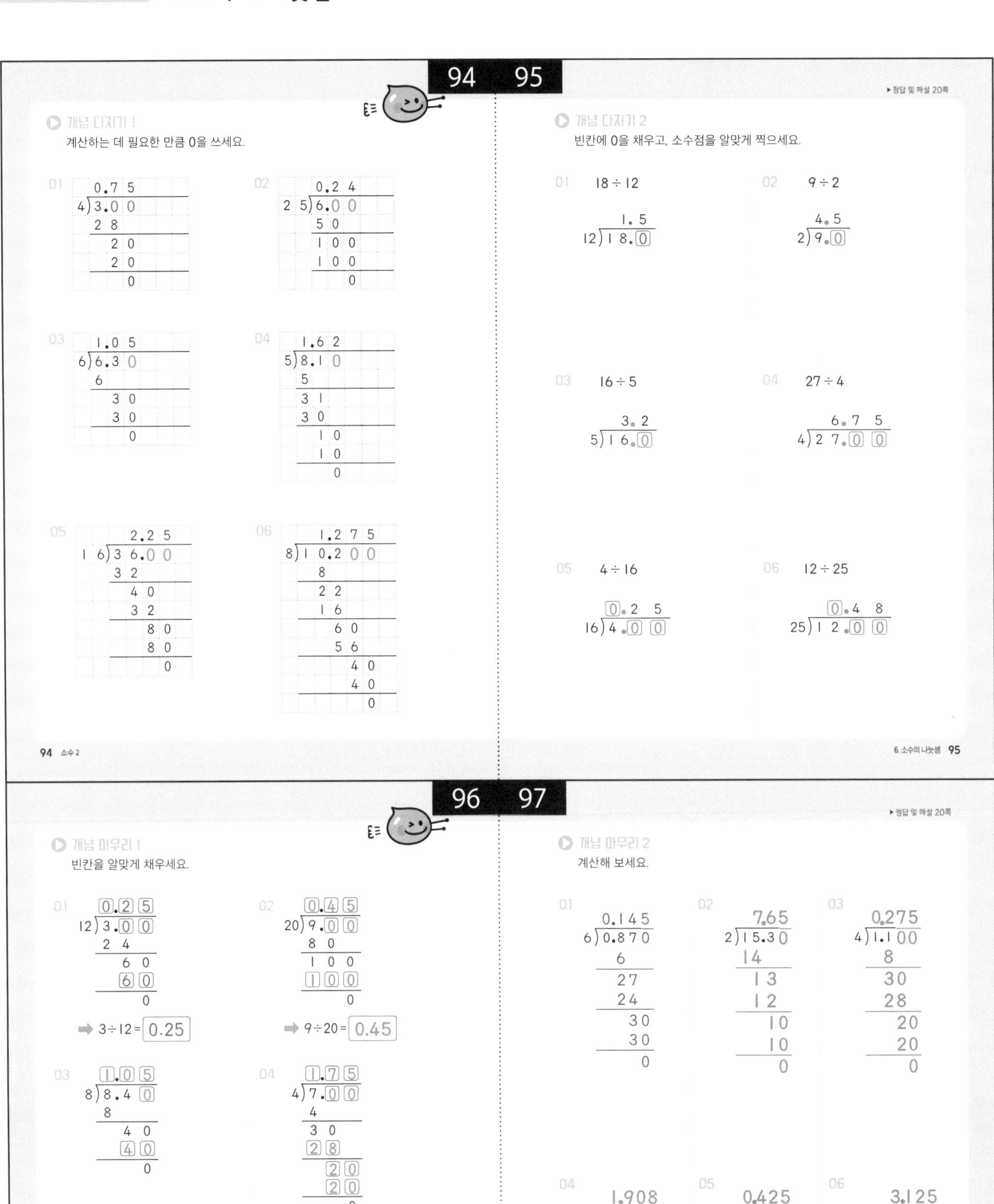
94
95
개념 다지기 1
계산하는 데 필요한 만큼 0을 쓰세요.
개념 다지기 2
빈칸에 0을 채우고, 소수점을 알맞게 찍으세요.
18÷12
9÷2
16÷5
27÷4
4÷16
12÷25
96
97
개념 마무리 1
빈칸을 알맞게 채우세요.
3÷12=0.25
9÷20=0.45
8.4÷8=1.05
7÷4=1.75
3.1÷25=0.124
42÷56=0.75
개념 마무리 2
계산해 보세요.

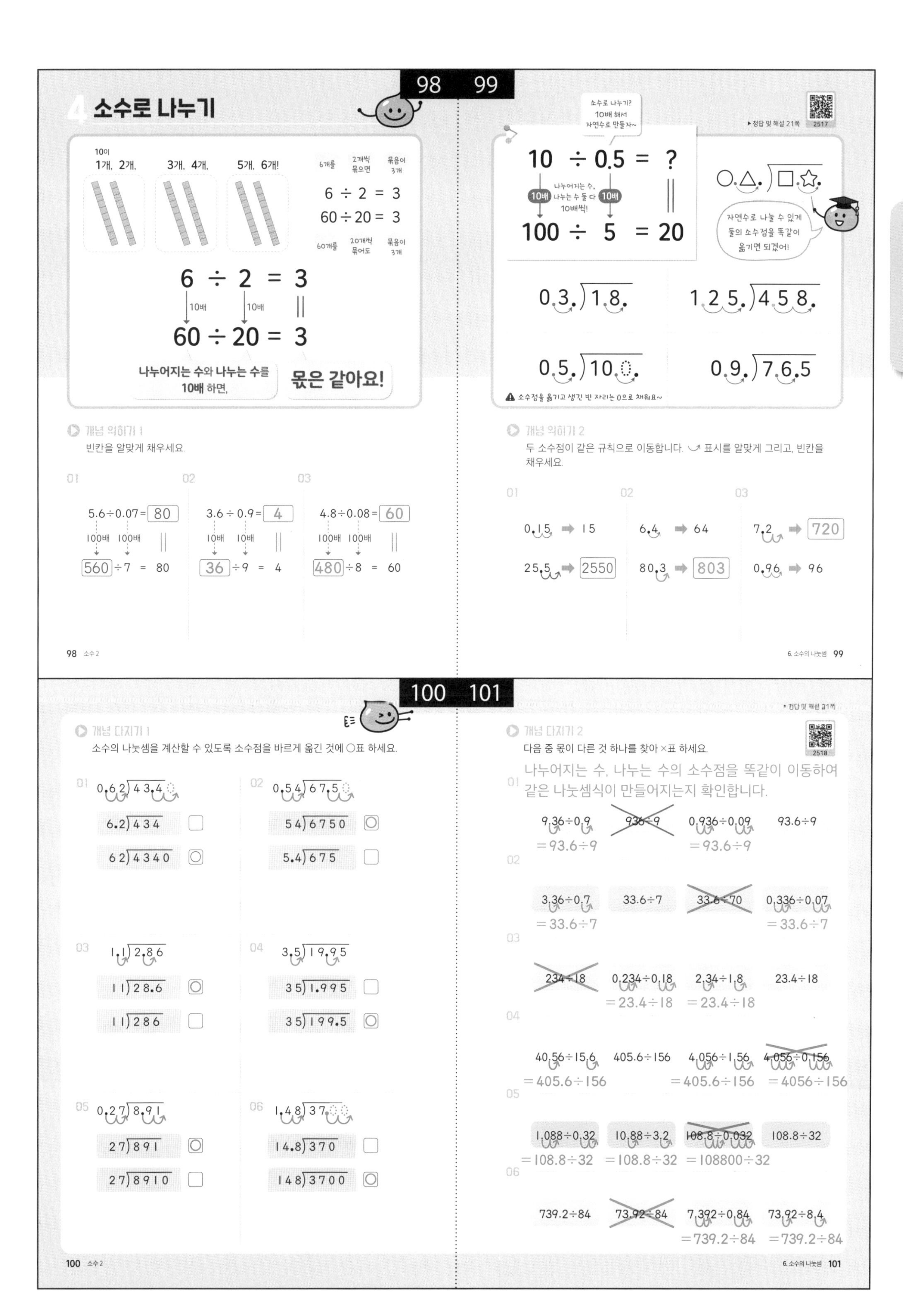

98 99

4 소수로 나누기

10이 1개, 2개, 3개, 4개, 5개, 6개!

6개를 2개씩 묶으면 묶음이 3개

6 ÷ 2 = 3

60 ÷ 20 = 3

60개를 20개씩 묶어도 묶음이 3개

6 ÷ 2 = 3
10배 10배 ||
60 ÷ 20 = 3

나누어지는 수와 나누는 수를 10배 하면, 몫은 같아요!

소수로 나누기? 10배 해서 자연수로 만들자~

10 ÷ 0.5 = ?
10배 나누어지는 수, 나누는 수 둘 다 10배씩! 10배 ||
100 ÷ 5 = 20

○.△.)□.☆.

자연수로 나눌 수 있게 둘의 소수점을 똑같이 옮기면 되겠어!

0.3.)1.8.　　1.2 5.)4.5 8.

0.5.)10.0.　　0.9.)7.6.5

⚠ 소수점을 옮기고 생긴 빈 자리는 0으로 채워요~

▶정답 및 해설 21쪽 2517

개념 익히기 1

빈칸을 알맞게 채우세요.

01 5.6÷0.07 = 80 (100배, 100배) 560÷7 = 80

02 3.6÷0.9 = 4 (10배, 10배) 36÷9 = 4

03 4.8÷0.08 = 60 (100배, 100배) 480÷8 = 60

개념 익히기 2

두 소수점이 같은 규칙으로 이동합니다. ↷ 표시를 알맞게 그리고, 빈칸을 채우세요.

01 0.15 ➡ 15　　25.5 ➡ 2550

02 6.4 ➡ 64　　80.3 ➡ 803

03 7.2 ➡ 720　　0.96 ➡ 96

98 소수 2　　6. 소수의 나눗셈 99

100 101

개념 다지기 1

소수의 나눗셈을 계산할 수 있도록 소수점을 바르게 옮긴 것에 ○표 하세요.

01 0.6.2)4 3.4 0
- 6.2)4 3 4 □
- 6 2)4 3 4 0 ◎

02 0.5 4)6 7.5 0
- 5 4)6 7 5 0 ◎
- 5.4)6 7 5 □

03 1.1)2.8 6
- 1 1)2 8.6 ◎
- 1 1)2 8 6 □

04 3.5)1 9.9 5
- 3 5)1.9 9 5 □
- 3 5)1 9 9.5 ◎

05 0.2 7)8.9 1
- 2 7)8 9 1 ◎
- 2 7)8 9 1 0 □

06 1.4 8)3 7.0 0
- 1 4.8)3 7 0 □
- 1 4 8)3 7 0 0 ◎

개념 다지기 2

다음 중 몫이 다른 것 하나를 찾아 ×표 하세요.

▶정답 및 해설 21쪽 2518

01 나누어지는 수, 나누는 수의 소수점을 똑같이 이동하여 같은 나눗셈식이 만들어지는지 확인합니다.

9.36÷0.9 = 93.6÷9　　~~936÷9~~ ×　　0.936÷0.09 = 93.6÷9　　93.6÷9

02 3.36÷0.7 = 33.6÷7　　33.6÷7　　~~33.6÷70~~ ×　　0.336÷0.07 = 33.6÷7

03 ~~234÷18~~ ×　　0.234÷0.18 = 23.4÷18　　2.34÷1.8 = 23.4÷18　　23.4÷18

04 40.56÷15.6 = 405.6÷156　　405.6÷156　　4.056÷1.56 = 405.6÷156　　~~4.056÷0.156~~ × = 4056÷156

05 1.088÷0.32 = 108.8÷32　　10.88÷3.2 = 108.8÷32　　~~108.8÷0.032~~ × = 108800÷32　　108.8÷32

06 739.2÷84　　~~73.92÷84~~ ×　　7.392÷0.84 = 739.2÷84　　73.92÷8.4 = 739.2÷84

100 소수 2　　6. 소수의 나눗셈 101

정답 및 해설

102 103

▶정답 및 해설 22쪽

개념 마무리 1
계산해 보세요.

01

```
        2 7 0
0.04)1 0.8 0
     8
     2 8
     2 8
         0
```

02

```
        5 4 0
0.06)3 2.4 0
     3 0
       2 4
       2 4
         0
```

03

```
       4.7
1.8)8.4 6
    7 2
    1 2 6
    1 2 6
        0
```

04

```
       4
3.5)1 4.0
    1 4 0
        0
```

05

```
       3.6
5.9)2 1.2 4
    1 7 7
      3 5 4
      3 5 4
          0
```

06

```
         2 0
2.25)4 5.0 0
     4 5 0
         0
```


개념 마무리 2
물음에 답하세요.

01
젖소 1마리가 하루 동안 생산한 우유가 20.9 L입니다. 우유를 한 팩에 0.55 L씩 담으면, 모두 몇 팩에 담을 수 있을까요?

식 20.9 ÷ 0.55 = 38 답 38 팩

02
민주는 길이가 6 m인 철사를 0.24 m씩 잘랐습니다. 민주가 자른 철사는 몇 도막이 될까요?

식 6÷0.24=25 답 25 도막

03
들이가 16.2 L인 수조에 물을 한 번에 0.9 L씩 부으려고 합니다. 수조에 물을 가득 채우려면 물을 몇 번 부어야 할까요?

식 16.2÷0.9=18 답 18 번

04
가래떡 한 줄을 만드는 데 쌀이 55.4 g 필요합니다. 쌀 277 g으로 만들 수 있는 가래떡은 모두 몇 줄일까요?

식 277÷55.4=5 답 5 줄

05
경훈이네 과수원에서 수확한 배는 45.08 kg입니다. 한 상자에 3.22 kg씩 담아서 판다면, 팔 수 있는 배는 모두 몇 상자일까요?

식 45.08÷3.22=14 답 14 상자

06
효진이의 몸무게는 39.5 kg이고, 아버지의 몸무게는 67.15 kg입니다. 아버지의 몸무게는 효진이의 몸무게의 몇 배일까요?

식 67.15÷39.5=1.7 답 1.7 배

103쪽

01

```
          3 8
0.55)2 0.9 0
     1 6 5
       4 4 0
       4 4 0
           0
```

02

```
         2 5
0.24)6.0 0
     4 8
     1 2 0
     1 2 0
         0
```

03

```
       1 8
0.9)1 6.2
    9
    7 2
    7 2
      0
```

04

```
            5
55.4)2 7 7.0
     2 7 7 0
           0
```

05

```
           1 4
3.22)4 5.0 8
     3 2 2
     1 2 8 8
     1 2 8 8
           0
```

06

```
          1.7
39.5)6 7.1 5
     3 9 5
     2 7 6 5
     2 7 6 5
           0
```

5 나누어 주고 남는 양

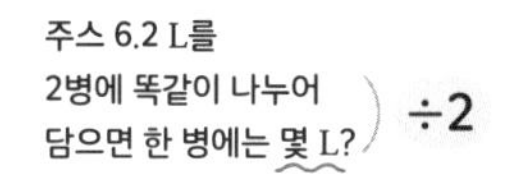

주스 6.2 L를 2병에 똑같이 나누어 담으면 한 병에는 몇 L?) ÷2

주스 6.2 L를 한 사람에게 2 L씩 나누어 주면 몇 명에게?) ÷2

➡ 식 : 6.2 ÷ 2 = 3.1

답 3.1 L

답 ~~3.1~~명 3명에게 주고 0.2 L가 남았습니다.

소수는 나누어떨어질 때까지 계속 나눌 수 있지만, 상황에 따라 **나머지를 남겨야 할 때도 있어!**

▶ 개념 익히기 1

표현이 이상한 것에 ×표 하세요.

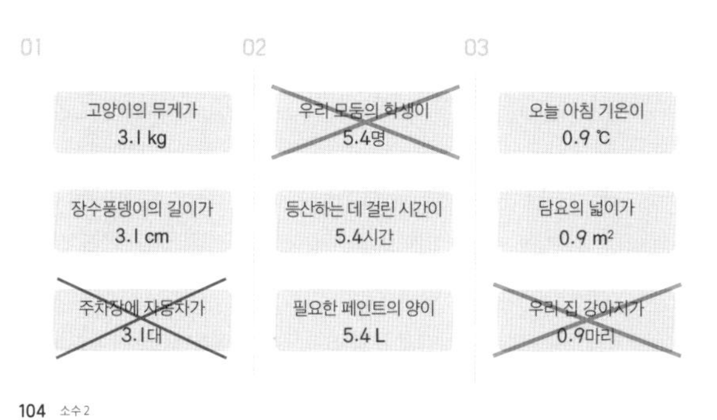

01	02	03
고양이의 무게가 3.1 kg	~~우리 모둠의 학생이 5.4명~~ (×)	오늘 아침 기온이 0.9 ℃
장수풍뎅이의 길이가 3.1 cm	등산하는 데 걸린 시간이 5.4시간	담요의 넓이가 0.9 m²
~~주차장에 자동차가 3.1대~~ (×)	필요한 페인트의 양이 5.4 L	~~우리 집 강아지가 0.9마리~~ (×)

▶ 정답 및 해설 23쪽 2519

소수의 나눗셈에서 나머지 찾기

★ 15.2 ÷ 4

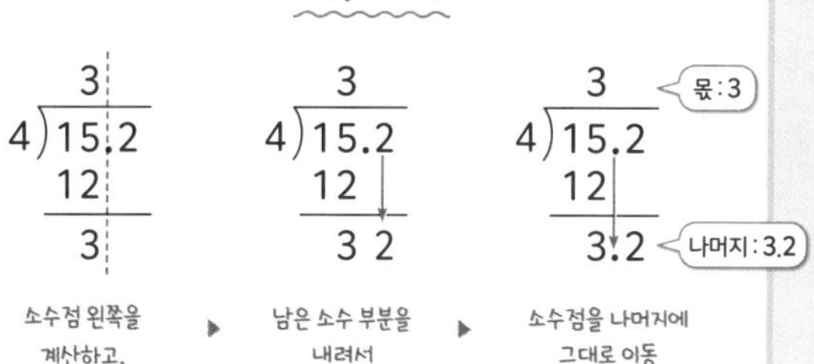

소수점 왼쪽을 계산하고, ▶ 남은 소수 부분을 내려서 ▶ 소수점을 나머지에 그대로 이동

➡ 15.2 ÷ 4 = 3 ··· 3.2

▶ 개념 익히기 2

몫이 자연수가 되도록 계산하려고 합니다. 나머지에 알맞게 소수점을 찍고, 몫과 나머지를 쓰세요.

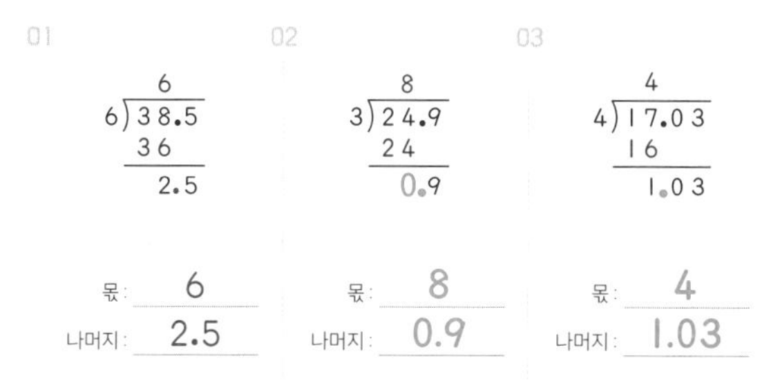

01 $38.5 \div 6$: 몫: 6, 나머지: 2.5

02 $24.9 \div 3$: 몫: 8, 나머지: 0.9

03 $17.03 \div 4$: 몫: 4, 나머지: 1.03

▶ 개념 다지기 1

몫이 자연수가 되도록 나눗셈식을 계산하여 몫과 나머지를 쓰세요.

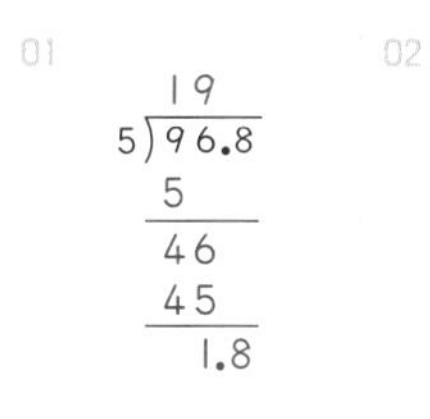

01 $96.8 \div 5$: 몫: 19, 나머지: 1.8

02 $12.85 \div 4$: 몫: 3, 나머지: 0.85

03 $70.4 \div 2$: 몫: 35, 나머지: 0.4

04 $32.6 \div 8$: 몫: 4, 나머지: 0.6

05 $134.5 \div 7$: 몫: 19, 나머지: 1.5

06 $11.79 \div 9$: 몫: 1, 나머지: 2.79

▶ 정답 및 해설 22쪽

▶ 개념 다지기 2

주어진 상황을 나눗셈식으로 만들어 계산하려고 합니다. 몫이 자연수여야 하는 경우는 '자', 몫이 소수여도 되는 경우는 '소'라고 쓰세요.

01 설탕 30 kg을 8봉지에 똑같이 나누어 담으려고 합니다. 1봉지에 설탕을 몇 kg씩 담아야 할까요? **소**

02 우유 800 mL를 한 사람에게 250 mL씩 나누어 주려고 합니다. 몇 명에게 나누어 줄 수 있을까요? **자**

03 수민이는 일주일 동안 9.1시간 운동을 했습니다. 매일 운동한 시간이 똑같다면, 수민이는 하루에 몇 시간 운동을 한 것일까요? **소**

04 반지 1개를 만드는 데 금 2 g을 사용합니다. 금 13.7 g으로 반지를 몇 개 만들 수 있을까요? **자**

05 상자 1개를 포장하는 데 리본 4 m가 필요합니다. 30.7 m짜리 리본으로 상자를 몇 개 포장할 수 있을까요? **자**

06 휘발유 5 L로 61.2 km를 갈 수 있는 자동차가 있습니다. 휘발유 1 L로는 몇 km를 갈 수 있을까요?  **소**

108 109

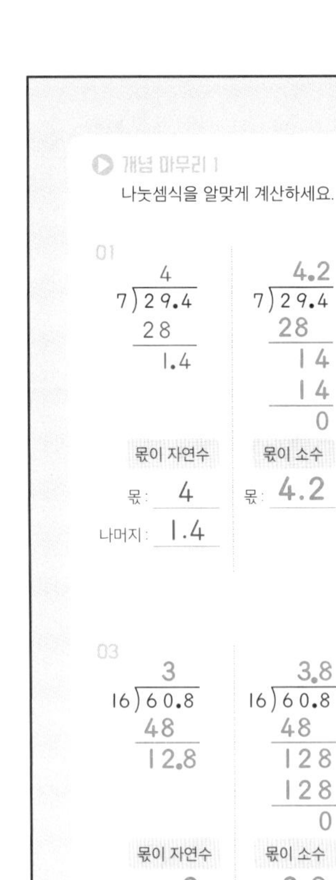

개념 마무리 1

나눗셈식을 알맞게 계산하세요.

01

7)29.4 = 4 … 1.4 (28, 1.4) — 몫이 자연수 — 몫: 4, 나머지: 1.4

7)29.4 = 4.2 (28, 14, 14, 0) — 몫이 소수 — 몫: 4.2

02

46)87.4 = 1 … 41.4 (46, 41.4) — 몫이 자연수 — 몫: 1, 나머지: 41.4

46)87.4 = 1.9 (46, 414, 414, 0) — 몫이 소수 — 몫: 1.9

03

16)60.8 = 3 … 12.8 (48, 12.8) — 몫이 자연수 — 몫: 3, 나머지: 12.8

16)60.8 = 3.8 (48, 128, 128, 0) — 몫이 소수 — 몫: 3.8

04

26)140.4 = 5 … 10.4 (130, 10.4) — 몫이 자연수 — 몫: 5, 나머지: 10.4

26)140.4 = 5.4 (130, 104, 104, 0) — 몫이 소수 — 몫: 5.4

108 소수 2

▸정답 및 해설 24쪽

개념 마무리 2

2520

물음에 답하세요.

01 식혜 17.2 L를 1팩에 2 L씩 담아서 팔려고 합니다. 식혜를 몇 팩 담을 수 있고, 남는 식혜는 몇 L일까요? → 몫이 자연수

식 17.2 ÷ 2 = 8 … 1.2 답 8팩에 담고, 1.2 L가 남습니다.

02 캐러멜 94.3 g을 이용해 모양과 크기가 같은 쿠키 23개를 만들려고 합니다. 쿠키 1개에 들어가는 캐러멜은 몇 g일까요? → 몫이 소수

식 94.3÷23=4.1 답 4.1 g

03 콩 52.2 kg을 한 집에 3 kg씩 나누어 주려고 합니다. 몇 집에 나누어 줄 수 있고, 남는 콩은 몇 kg일까요? → 몫이 자연수

식 52.2÷3=17 … 1.2 답 17집에 나누어주고, 1.2 kg이 남습니다.

04 빨간색 점토 623.7 g을 한 사람당 63 g씩 나누어 주려고 합니다. 몇 사람에게 나누어 줄 수 있고, 남는 빨간색 점토는 몇 g일까요? → 몫이 자연수

식 623.7÷63=9 … 56.7 답 9명에게 나누어주고, 56.7 g이 남습니다.

05 넓이가 110.7 cm^2인 평행사변형이 있습니다. 높이가 9 cm라면, 밑변은 몇 cm일까요? → 몫이 소수

식 110.7÷9=12.3 답 12.3 cm

06 택배상자 1개를 포장하는 데 테이프 4 m가 필요합니다. 55.2 m짜리 테이프로 상자 몇 개를 포장할 수 있고, 남는 테이프는 몇 m일까요? → 몫이 자연수

식 55.2÷4=13 … 3.2 답 13개를 포장하고, 3.2 m가 남습니다.

6. 소수의 나눗셈 109

109쪽

01

2)17.2 → 몫 8
16
1.2

02

23)94.3 → 몫 4.1
92
23
23
0

03

3)52.2 → 몫 17
3
22
21
1.2

04

63)623.7 → 몫 9
567
56.7

05

9)110.7 → 몫 12.3
9
20
18
27
27
0

06

4)55.2 → 몫 13
4
15
12
3.2

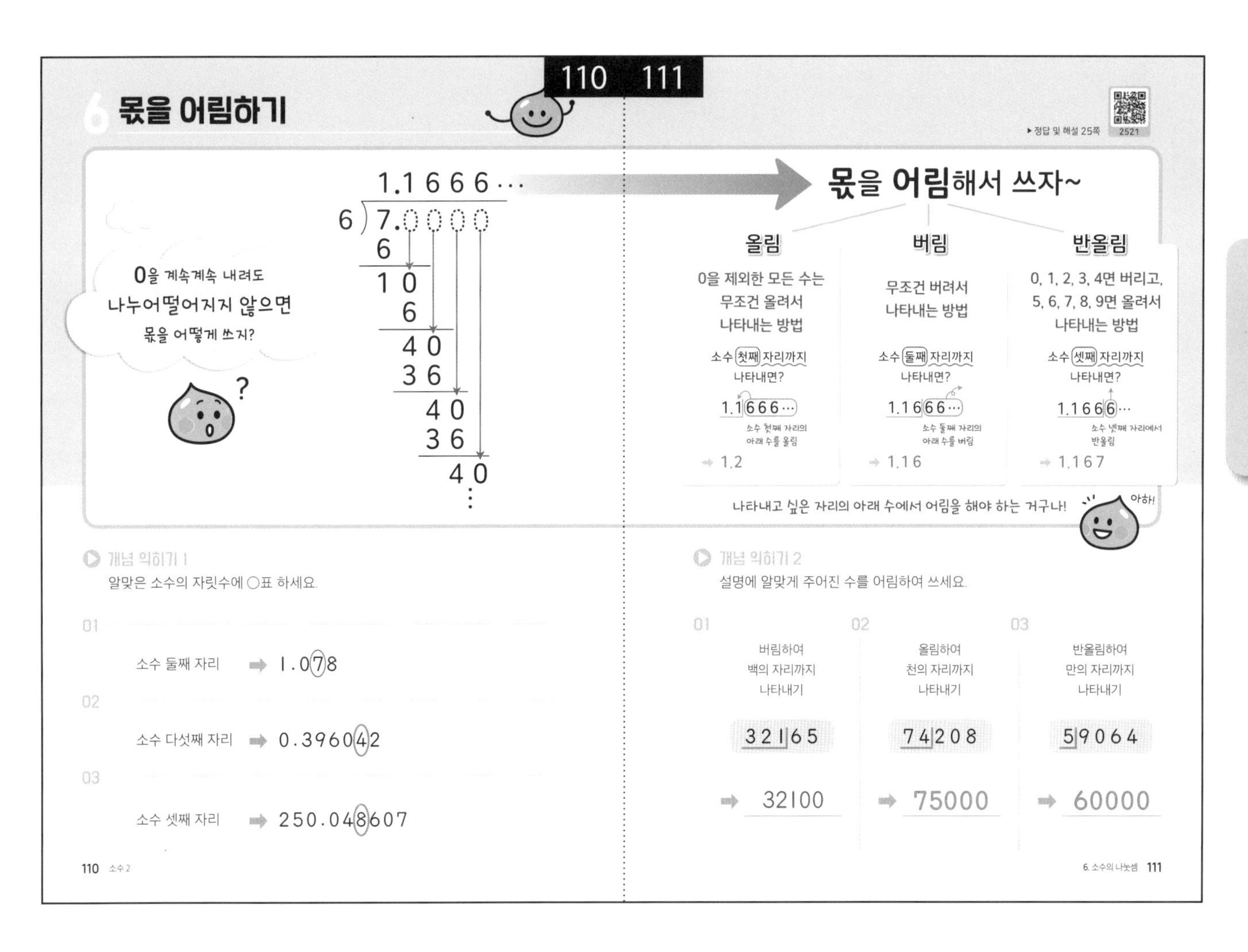

110 111

6 몫을 어림하기

▶정답 및 해설 25쪽 2521

0을 계속계속 내려도 나누어떨어지지 않으면 몫을 어떻게 쓰지?

$$\begin{array}{r} 1.1666\cdots \\ 6\,)\,\overline{7.0000} \\ 6 \\ \hline 10 \\ 6 \\ \hline 40 \\ 36 \\ \hline 40 \\ 36 \\ \hline 40 \\ \vdots \end{array}$$

몫을 어림해서 쓰자~

올림	버림	반올림
0을 제외한 모든 수는 무조건 올려서 나타내는 방법	무조건 버려서 나타내는 방법	0, 1, 2, 3, 4면 버리고, 5, 6, 7, 8, 9면 올려서 나타내는 방법
소수 첫째 자리까지 나타내면?	소수 둘째 자리까지 나타내면?	소수 셋째 자리까지 나타내면?
1.1666… 소수 첫째 자리의 아래 수를 올림	1.1666… 소수 둘째 자리의 아래 수를 버림	1.1666… 소수 넷째 자리에서 반올림
→ 1.2	→ 1.16	→ 1.167

나타내고 싶은 자리의 아래 수에서 어림을 해야 하는 거구나! 아하!

개념 익히기 1

알맞은 소수의 자릿수에 ○표 하세요.

01 소수 둘째 자리 ➡ 1.078 (7에 ○표)

02 소수 다섯째 자리 ➡ 0.396042 (4에 ○표)

03 소수 셋째 자리 ➡ 250.048607 (8에 ○표)

개념 익히기 2

설명에 알맞게 주어진 수를 어림하여 쓰세요.

01 버림하여 백의 자리까지 나타내기
32165 ➡ 32100

02 올림하여 천의 자리까지 나타내기
74208 ➡ 75000

03 반올림하여 만의 자리까지 나타내기
59064 ➡ 60000

110 소수 2 | 6. 소수의 나눗셈 111

정답 및 해설

112 113

▸정답 및 해설 26쪽

개념 다지기 1

소수를 알맞게 어림하여 쓰세요.

01 3.06666 …… —반올림하여 소수 셋째 자리까지 나타낸 수→ 3.067

02 5.98444 …… —버림하여 소수 셋째 자리까지 나타낸 수→ 5.984

03 1.27170 …… —올림하여 소수 둘째 자리까지 나타낸 수→ 1.28

04 7.06363 …… —반올림하여 소수 첫째 자리까지 나타낸 수→ 7.1

05 2.63963 …… —버림하여 소수 둘째 자리까지 나타낸 수→ 2.63

06 8.35151 …… —올림하여 소수 첫째 자리까지 나타낸 수→ 8.4

112 소수 2

개념 다지기 2

설명에 알맞게 몫을 어림하여 쓰세요.

01 몫을 버림하여 소수 둘째 자리까지 나타낸 수
$36 \div 7$ ➡ 5.14

02 몫을 올림하여 소수 첫째 자리까지 나타낸 수
$26 \div 6$ ➡ 4.4

03 몫을 반올림하여 소수 셋째 자리까지 나타낸 수
$15 \div 2.7$ ➡ 5.556

04 몫을 버림하여 소수 둘째 자리까지 나타낸 수
$74 \div 3$ ➡ 24.66

05 몫을 올림하여 소수 둘째 자리까지 나타낸 수
$3 \div 11$ ➡ 0.28

06 몫을 반올림하여 소수 첫째 자리까지 나타낸 수
$19 \div 9$ ➡ 2.1

6. 소수의 나눗셈 113

113쪽

01

```
    5.142
7)36.000
  35
   10
    7
    30
    28
     20
     14
      6
```

몫 : 5.14|2 ……

—버림→ 5.14

02

```
   4.33
6)26.00
  24
   20
   18
    20
    18
     2
```

몫 : 4.3|3 ……

—올림→ 4.4

03

```
        5.5555
2.7)15.0 0000
    13 5
     1 50
     1 35
       150
       135
        150
        135
         150
         135
          15
```

몫 : 5.555|5 ……

—반올림→ 5.556

04

```
   24.666
3)74.000
  6
  14
  12
   20
   18
    20
    18
     20
     18
      2
```

몫 : 24.66|6 ……

—버림→ 24.66

05

```
     0.272
11)3.000
   2 2
    80
    77
     30
     22
      8
```

몫 : 0.27|2 ……

—올림→ 0.28

06

```
   2.11
9)19.00
  18
   10
    9
    10
     9
     1
```

몫 : 2.1|1 ……

—반올림→ 2.1

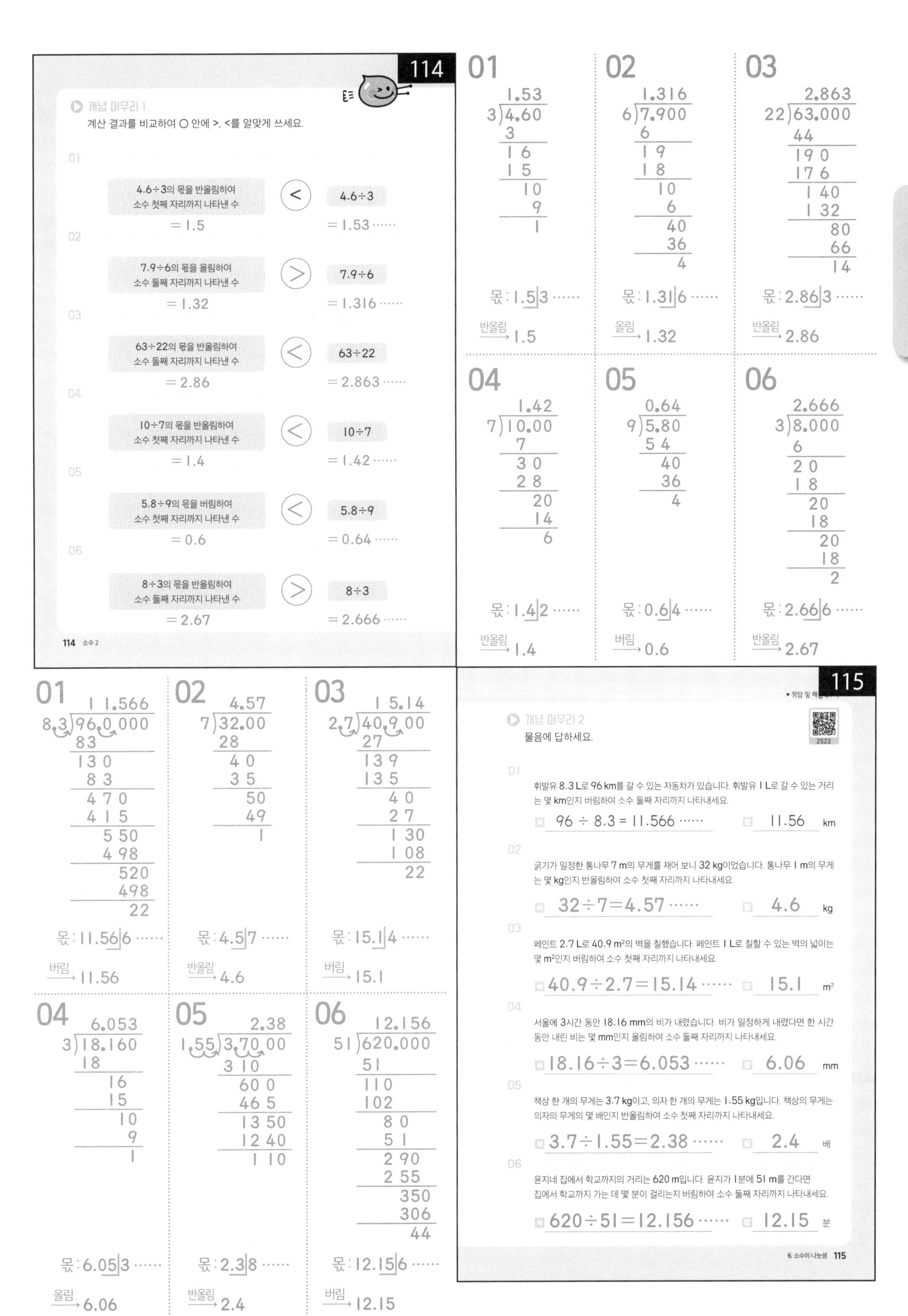

개념 마무리 1

계산 결과를 비교하여 ○ 안에 >, <를 알맞게 쓰세요.

01
4.6÷3의 몫을 반올림하여
소수 첫째 자리까지 나타낸 수
= 1.5
< 4.6÷3
= 1.53……

02
7.9÷6의 몫을 올림하여
소수 둘째 자리까지 나타낸 수
= 1.32
> 7.9÷6
= 1.316……

03
63÷22의 몫을 반올림하여
소수 둘째 자리까지 나타낸 수
= 2.86
< 63÷22
= 2.863……

04
10÷7의 몫을 반올림하여
소수 첫째 자리까지 나타낸 수
= 1.4
< 10÷7
= 1.42……

05
5.8÷9의 몫을 버림하여
소수 첫째 자리까지 나타낸 수
= 0.6
< 5.8÷9
= 0.64……

06
8÷3의 몫을 반올림하여
소수 둘째 자리까지 나타낸 수
= 2.67
> 8÷3
= 2.666……

114 소수 2

01
```
       1.53
   3)4.60
     3
     16
     15
      10
       9
       1
```
몫: 1.5|3……
반올림 → 1.5

02
```
       1.316
   6)7.900
     6
     19
     18
      10
       6
       40
       36
        4
```
몫: 1.31|6……
올림 → 1.32

03
```
        2.863
  22)63.000
     44
     19 0
     17 6
      1 40
      1 32
         80
         66
         14
```
몫: 2.86|3……
반올림 → 2.86

04
```
       1.42
   7)10.00
     7
     3 0
     2 8
       20
       14
        6
```
몫: 1.4|2……
반올림 → 1.4

05
```
      0.64
   9)5.80
     5 4
       40
       36
        4
```
몫: 0.6|4……
버림 → 0.6

06
```
       2.666
   3)8.000
     6
     20
     18
      20
      18
       20
       18
        2
```
몫: 2.66|6……
반올림 → 2.67

01
```
       11.566
  8.3)96.0.000
      83
      130
       83
       470
       415
        5 50
        4 98
          520
          498
           22
```
몫: 11.56|6……
버림 → 11.56

02
```
      4.57
   7)32.00
     28
      40
      35
       50
       49
        1
```
몫: 4.5|7……
반올림 → 4.6

03
```
        15.14
  2.7)40.9.00
      27
      139
      135
        40
        27
         1 30
         1 08
           22
```
몫: 15.1|4……
버림 → 15.1

04
```
      6.053
   3)18.160
     18
      16
      15
       10
        9
        1
```
몫: 6.05|3……
올림 → 6.06

05
```
          2.38
  1.55)3.70.000
        3 10
         60 0
         46 5
         13 50
         12 40
          1 10
```
몫: 2.3|8……
반올림 → 2.4

06
```
        12.156
  51)620.000
     51
     110
     102
       80
       51
       2 90
       2 55
         350
         306
          44
```
몫: 12.15|6……
버림 → 12.15

▶ 정답 및 해설

개념 마무리 2

물음에 답하세요.

01
휘발유 8.3 L로 96 km를 갈 수 있는 자동차가 있습니다. 휘발유 1 L로 갈 수 있는 거리는 몇 km인지 버림하여 소수 둘째 자리까지 나타내세요.

식 96 ÷ 8.3 = 11.566…… 답 11.56 km

02
굵기가 일정한 통나무 7 m의 무게를 재어 보니 32 kg이었습니다. 통나무 1 m의 무게는 몇 kg인지 반올림하여 소수 첫째 자리까지 나타내세요.

식 32÷7=4.57…… 답 4.6 kg

03
페인트 2.7 L로 40.9 m²의 벽을 칠했습니다. 페인트 1 L로 칠할 수 있는 벽의 넓이는 몇 m²인지 버림하여 소수 첫째 자리까지 나타내세요.

식 40.9÷2.7=15.14…… 답 15.1 m²

04
서울에 3시간 동안 18.16 mm의 비가 내렸습니다. 비가 일정하게 내렸다면 한 시간 동안 내린 비는 몇 mm인지 올림하여 소수 둘째 자리까지 나타내세요.

식 18.16÷3=6.053…… 답 6.06 mm

05
책상 한 개의 무게는 3.7 kg이고, 의자 한 개의 무게는 1.55 kg입니다. 책상의 무게는 의자의 무게의 몇 배인지 반올림하여 소수 첫째 자리까지 나타내세요.

식 3.7÷1.55=2.38…… 답 2.4 배

06
윤지네 집에서 학교까지의 거리는 620 m입니다. 윤지가 1분에 51 m를 간다면 집에서 학교까지 가는 데 몇 분이 걸리는지 버림하여 소수 둘째 자리까지 나타내세요.

식 620÷51=12.156…… 답 12.15 분

6. 소수의 나눗셈 115

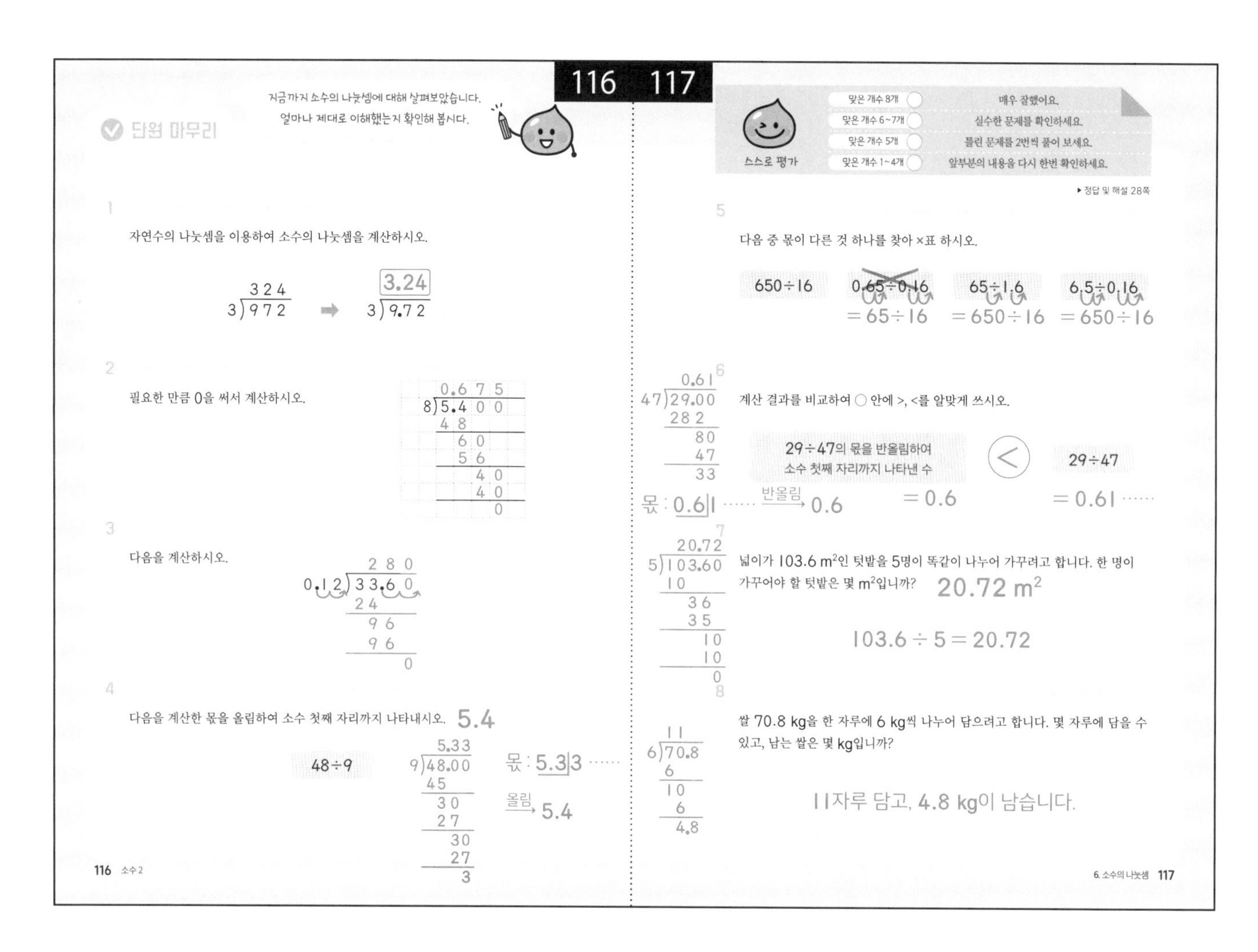

116 117

단원 마무리

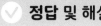

지금까지 소수의 나눗셈에 대해 살펴보았습니다. 얼마나 제대로 이해했는지 확인해 봅시다.

1 자연수의 나눗셈을 이용하여 소수의 나눗셈을 계산하시오.

$972 \div 3 = 324$ ➡ $9.72 \div 3 = 3.24$

2 필요한 만큼 0을 써서 계산하시오.

$5.4 \div 8 = 0.675$

3 다음을 계산하시오.

$33.6 \div 0.12 = 280$

4 다음을 계산한 몫을 올림하여 소수 첫째 자리까지 나타내시오. 5.4

48÷9

몫: 5.33 …… 올림→ 5.4

스스로 평가

맞은 개수 8개	매우 잘했어요.
맞은 개수 6~7개	실수한 문제를 확인하세요.
맞은 개수 5개	틀린 문제를 2번씩 풀어 보세요.
맞은 개수 1~4개	앞부분의 내용을 다시 한번 확인하세요.

▸ 정답 및 해설 28쪽

5 다음 중 몫이 다른 것 하나를 찾아 ×표 하시오.

650÷16 　 ~~0.65÷0.16~~ = 65÷16 　 65÷1.6 = 650÷16 　 6.5÷0.16 = 650÷16

6 계산 결과를 비교하여 ○ 안에 >, <를 알맞게 쓰시오.

29÷47의 몫을 반올림하여 소수 첫째 자리까지 나타낸 수 = 0.6 　 < 　 29÷47 = 0.61 ……

$29 \div 47$: 몫: 0.61 …… 반올림→ 0.6

7 넓이가 103.6 m²인 텃밭을 5명이 똑같이 나누어 가꾸려고 합니다. 한 명이 가꾸어야 할 텃밭은 몇 m²입니까? 20.72 m²

$103.6 \div 5 = 20.72$

8 쌀 70.8 kg을 한 자루에 6 kg씩 나누어 담으려고 합니다. 몇 자루에 담을 수 있고, 남는 쌀은 몇 kg입니까?

11자루 담고, 4.8 kg이 남습니다.

4. 소수의 덧셈과 뺄셈

5. 소수의 곱셈

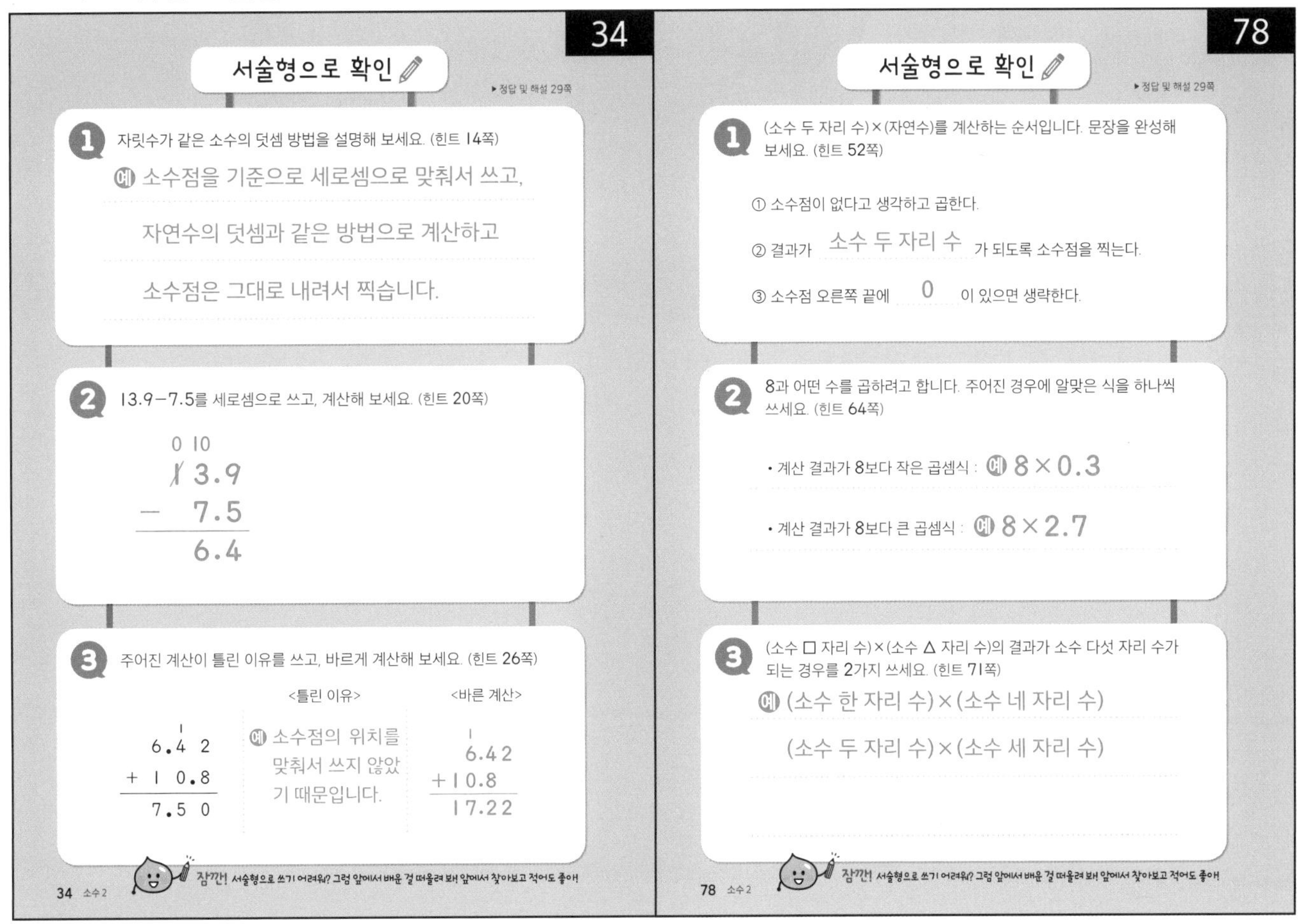

34

서술형으로 확인

▸ 정답 및 해설 29쪽

1 자릿수가 같은 소수의 덧셈 방법을 설명해 보세요. (힌트 14쪽)

예 소수점을 기준으로 세로셈으로 맞춰서 쓰고, 자연수의 덧셈과 같은 방법으로 계산하고 소수점은 그대로 내려서 찍습니다.

2 13.9−7.5를 세로셈으로 쓰고, 계산해 보세요. (힌트 20쪽)

$$\begin{array}{r} 13.9 \\ -\ 7.5 \\ \hline 6.4 \end{array}$$

3 주어진 계산이 틀린 이유를 쓰고, 바르게 계산해 보세요. (힌트 26쪽)

$$\begin{array}{r} 6.4\ 2 \\ +\ 1\ 0.8 \\ \hline 7.5\ 0 \end{array}$$

<틀린 이유> 예 소수점의 위치를 맞춰서 쓰지 않았기 때문입니다.

<바른 계산>

$$\begin{array}{r} 6.42 \\ +10.8 \\ \hline 17.22 \end{array}$$

잠깐! 서술형으로 쓰기 어려워? 그럼 앞에서 배운 걸 떠올려 봐! 앞에서 찾아보고 적어도 좋아!

34 소수2

78

서술형으로 확인

▸ 정답 및 해설 29쪽

1 (소수 두 자리 수)×(자연수)를 계산하는 순서입니다. 문장을 완성해 보세요. (힌트 52쪽)

① 소수점이 없다고 생각하고 곱한다.

② 결과가 소수 두 자리 수 가 되도록 소수점을 찍는다.

③ 소수점 오른쪽 끝에 0 이 있으면 생략한다.

2 8과 어떤 수를 곱하려고 합니다. 주어진 경우에 알맞은 식을 하나씩 쓰세요. (힌트 64쪽)

• 계산 결과가 8보다 작은 곱셈식 : 예 8×0.3

• 계산 결과가 8보다 큰 곱셈식 : 예 8×2.7

3 (소수 □ 자리 수)×(소수 △ 자리 수)의 결과가 소수 다섯 자리 수가 되는 경우를 2가지 쓰세요. (힌트 71쪽)

예 (소수 한 자리 수)×(소수 네 자리 수)

(소수 두 자리 수)×(소수 세 자리 수)

잠깐! 서술형으로 쓰기 어려워? 그럼 앞에서 배운 걸 떠올려 봐! 앞에서 찾아보고 적어도 좋아!

78 소수2

6. 소수의 나눗셈

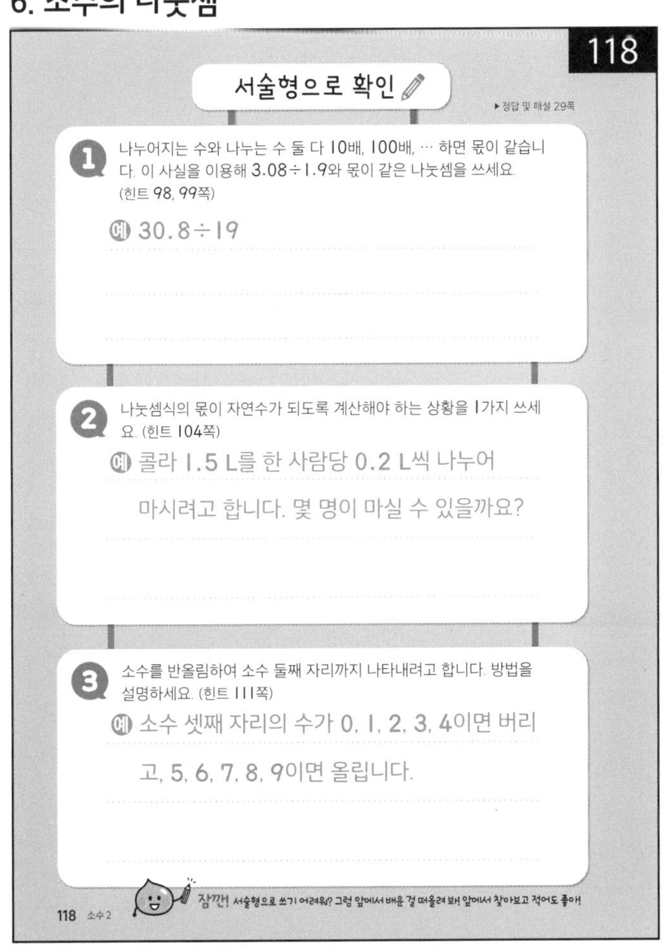

118

서술형으로 확인

▸ 정답 및 해설 29쪽

1 나누어지는 수와 나누는 수 둘 다 10배, 100배, … 하면 몫이 같습니다. 이 사실을 이용해 3.08÷1.9와 몫이 같은 나눗셈을 쓰세요. (힌트 98, 99쪽)

예 30.8÷19

2 나눗셈식의 몫이 자연수가 되도록 계산해야 하는 상황을 1가지 쓰세요. (힌트 104쪽)

예 콜라 1.5 L를 한 사람당 0.2 L씩 나누어 마시려고 합니다. 몇 명이 마실 수 있을까요?

3 소수를 반올림하여 소수 둘째 자리까지 나타내려고 합니다. 방법을 설명하세요. (힌트 111쪽)

예 소수 셋째 자리의 수가 0, 1, 2, 3, 4이면 버리고, 5, 6, 7, 8, 9이면 올립니다.

잠깐! 서술형으로 쓰기 어려워? 그럼 앞에서 배운 걸 떠올려 봐! 앞에서 찾아보고 적어도 좋아!

118 소수2

MEMO

MEMO

MEMO

초등 소수 2

개념이 먼저다

교육 R&D에 앞서가는
키출판사

키출판사 수학 시리즈

수학의 재미를 발견하다!

이제 키출판사 **수학 시리즈**로 확실하게 **개념** 잡고, **수학** 잡으세요!